AF344355

BIBLIOTHÈQUE RURALE

INSTITUÉE PAR LE GOUVERNEMENT.

MANUEL DE CULTURE.

BRUXELLES.

1850

STAPLEAUX
éditeur.

Histoire

RÉSUMÉE

des

DIVERS ÉTATS

de

L'EUROPE EN 1848.

TEXTE

PAR

LES MEILLEURS ÉCRIVAINS
DU PAYS.

1re SÉRIE, No 1.

BIBLIOTHÈQUE RURALE

INSTITUÉE

PAR LE GOUVERNEMENT.

———

MANUEL DE CULTURE.

BIBLIOTHÈQUE RURALE

INSTITUÉE

PAR LE GOUVERNEMENT.

MANUEL DE CULTURE.

BRUXELLES.

G. STAPLEAUX, IMPRIMEUR-ÉDITEUR,
RUE DE LA MONTAGNE, N° 51.

1850

RAPPORT ADRESSÉ AU ROI

par le Ministre de l'Intérieur.

Sire,

S'il est vrai de dire que les populations rurales ont, en général, peu d'initiative, on doit reconnaître aussi que les moyens d'instruction leur font défaut. Beaucoup de cultivateurs qui voudraient s'initier aux progrès de leur art en sont empêchés, parce qu'ils peuvent difficilement se procurer, même à un prix assez élevé, de bons livres élémentaires, traitant d'objets relatifs à leur profession. D'autres qui, aujourd'hui, n'ont pas le goût de la lecture et de l'étude, l'acquerraient probablement si des ouvrages dont le mérite serait incontestable étaient mis à leur portée, de manière qu'ils pussent en faire l'acquisition sans s'imposer des sacrifices trop onéreux. Ces ouvrages n'existent malheureusement qu'en petit nombre : il n'y en a guère en langue française, et c'est à peine s'il en est qu'on puisse citer en langue flamande. Il n'est pas douteux, en présence de ces faits, que la publication, à très-bas prix, de quelques traités, choisis ou composés avec soin, et roulant sur les principales branches de l'industrie agricole, ne fût une entreprise utile. Elle le serait non-seulement pour les cultivateurs mêmes, mais encore pour nos instituteurs ruraux et pour la jeune génération qui s'élève sous leur direction. Le Conseil supérieur d'agriculture et un comité d'hommes spéciaux que j'ai consultés à ce sujet en

MANUEL DE CULTURE.

CHAPITRE PREMIER.

DE LA CONNAISSANCE DU CLIMAT ET DU SOL (AGRONOMIE).

INTRODUCTION.

Avant de prendre la charrue en mains, il est important que l'on connaisse bien la *constitution* du *sol* sur lequel on veut opérer, afin de savoir quelle est la meilleure manière de le travailler, quelles sont les plantes que l'on peut y cultiver avec avantage et certitude de succès. La connaissance du *climat* n'est pas moins importante, car le climat exerce une puissante influence sur la croissance des végétaux. *L'air atmosphérique*, principalement, joue un grand rôle dans le développement et la prospérité des plantes et des animaux; sans cet agent, il n'y a pas de vie végétale et animale possible. L'air est aspiré par les feuilles des plantes; il détermine la circulation de la séve, et procure aux végétaux les principes nutritifs qui se dégagent du sol en se volatilisant. En outre, l'air contribue principalement à la dissolution et à la décomposition des engrais contenus dans le sol. D'après tout cela, chaque agriculteur comprendra facilement pourquoi il est nécessaire, de temps à autre, de remuer la terre avec la charrue, la bêche ou la houe.

L'influence de la *chaleur* est également d'une haute importance dans la croissance des plantes. Dès que le soleil du printemps paraît avec ses rayons vivifiants, toute la nature se réveille, les plantes se développent; mais aussitôt que la chaleur cesse, que le *froid* se fait sentir, la vie des végétaux se trouve de nouveau suspendue.

Un autre agent d'une grande influence encore sur la végétation, et qui constitue la plus grande partie de la substance des plantes, c'est l'*eau*. L'eau est le dissolvant de l'engrais qui se trouve dans le sol; cette dissolution est pompée par les extrémités des racines, et passe de là dans les vaisseaux des plantes. L'humidité d'un terrain en diminue le degré de chaleur ou la température moyenne; c'est pour cela que l'on a coutume d'appeler *terrain froid* un sol constamment humide.

La *lumière* exerce aussi une grande influence sur les plantes; elles lui doivent la couleur, la saveur, l'odeur et la maturité. On sait généralement que, dans un champ bien touffu de trèfles ou de vesces, la mauvaise herbe ne peut croître, parce qu'elle s'y trouve privée de la lumière nécessaire.

§ 1. — *Du climat.*

En agriculture, on entend par *climat* l'état d'une contrée dans les différentes saisons sous le rapport de la chaleur et du froid, de l'humidité et de la sécheresse. Pour désigner plus spécialement un climat, on se sert de différentes expressions, telles que chaud, froid, doux, rude, sec, humide ou pluvieux. La constitution du climat dépend de différentes causes;

1° *De l'élévation au-dessus du niveau de la mer.* Plus une contrée est élevée, plus elle est froide, et plus les étés y sont courts; voilà pourquoi il fait plus froid sur les hautes montagnes que dans la plaine ou sur les collines;

2° *De la position géographique vers le sud ou vers le nord.* A élévation égale, plus on avance vers le midi, plus la contrée est chaude; dans la même condition, plus on se rapproche du nord, plus la contrée est froide;

3° *De la direction et de la pente des champs ou de l'exposition.* Sur une pente exposée au sud, le degré de chaleur est plus fort que sur une pente exposée au nord. Un terrain de forte argile gagne par une pente ménagée vers le sud; il n'en est pas de même d'un sol chaud formé d'un sable léger; celui-ci, dans cette direction, s'échauffe trop, et perd trop vite son humidité. Sur une pente méridionale, les semailles d'hiver périssent facilement, parce que, par l'alternative de la gelée et du dégel, les plantes sont soulevées et se déchaussent;

4° *Des eaux.* Dans les contrées où il y a de grandes eaux, des lacs, par exemple, l'hiver est plus doux, l'été plus frais, et le climat en général est plus humide que dans les contrées sèches. Dans le voisinage des grandes eaux, les gelées de la nuit sont quelquefois très-nuisibles aux plantes, au printemps et en automne. Les fleuves qui coulent lentement donnent lieu à d'épais brouillards, qui engendrent facilement sur les plantes cultivées la maladie nommée *miellat*;

5° *De la proximité des montagnes et des forêts.* Les montagnes très-élevées, couvertes de neiges, situées vers le midi, nuisent souvent beaucoup à la végétation; des contrées ainsi placées sont exposées, au printemps, à des variations brusques du chaud au froid. Dans la proximité des montagnes et des forêts où la chaleur est moins forte, il tombe plus de pluie que dans les grandes plaines. Un proverbe ardennais, très-expressif, rend en aussi peu de mots que possible la différence de climat des montagnes et des vallées : *Monts et vaux, neiges et eaux*. Les montagnes et les forêts présentent parfois un abri bienfaisant contre les vents rudes ;

6° L'étendue des terres desséchées, boisées ou en culture ; la nature du sol et du sous-sol, leur perméabilité, leur capacité pour absorber la chaleur solaire ; la période de temps pendant laquelle le soleil est au-dessus de l'horizon ou y brille sans nuages, sont autant de causes qui font varier le climat ;

7° Il dépend encore des *températures moyennes et extrêmes de l'année, de la régularité, de la marche et de la durée de chaque saison*, qui servent de base à l'organisation de la ferme ou au choix des systèmes de culture, et forment un élément essentiel dans la distribution des travaux de l'année agricole ;

8° *De la quantité moyenne de pluie*, et de sa répartition dans les diverses périodes de l'année ; de *l'abondance de la rosée*, qui supplée souvent aux pluies, et ranime les végétaux pendant les sécheresses ;

9° *De la fréquence, de la direction, des effets ou de la violence des autres phénomènes atmosphériques naturels*, tels que les orages, les ouragans, les bourrasques, la grêle, le givre, la gelée blanche ou les gelées hors de saison, les brouillards, la foudre, etc., qui détruisent souvent en un instant toutes les espérances du cultivateur ;

10° *Des vents dominants*, qui peuvent être chauds, froids, desséchants, humides, violents, chargés de particules sablonneuses, terreuses, salées ou d'émanations insalubres, etc., et qui, sous ces divers carac-

tères, affectent différemment les corps organisés, etc.,
tous phénomènes qui ont une action directe ou indi-
recte sur la nature des végétaux qu'on peut cultiver;
sur leurs dimensions, leurs propriétés alimentaires,
leur richesse en certains produits immédiats, leur
réussite, aussi bien que sur la taille, la vigueur et
les produits des bêtes de trait et de vente.

§ II. — *Du sol et du sous-sol.*

On désigne sous le nom de *sol* ou de *couche arable*
le terrain qui occupe la surface d'un champ jusqu'à
la profondeur à laquelle pénètrent ordinairement les
racines des plantes cultivées.

Le *sous-sol* ou *terre vierge* se trouve immédiatement
au-dessous de la couche arable. Plus cette couche
est profonde, plus les racines peuvent y pénétrer, et
plus elle se conserve humide; dans un sol maigre et
peu profond, les plantes ont beaucoup à souffrir pendant les années sèches. Il y a des végétaux, comme
la luzerne, le trèfle, le sainfoin, qui ne peuvent prospérer dans un sol peu profond; il arrive même qu'ils
s'y trouvent interrompus dans leur végétation; il en
est de même des arbres fruitiers.

Dans un sous-sol qui n'est ni trop léger ni trop
compacte, la chaleur et l'humidité peuvent se répandre uniformément, ce qui est toujours un avantage recherché. Un sous-sol sablonneux est avantageux à une
couche arable forte et argileuse; une terre vierge argileuse convient surtout, comme sous-sol, à un sol
sablonneux.

§ III. — *Des diverses espèces de terrains ou de sols.*

Le *sol arable* est cette partie de la superficie terrestre sur laquelle se trouvent fixées les plantes cultivées ou d'une croissance naturelle, à la production desquelles l'agriculture est intéressée. Il est formé de minéraux délités peu à peu par l'influence de la pluie, de l'air, de la chaleur, du froid, etc., opération que la nature continue sans cesse et de la même manière par la décomposition des diverses roches. La terre arable est donc composée de substances minérales plus ou moins divisées, et combinées avec des substances provenant des animaux ou des végétaux. Trois espèces de terrains, dont les dénominations diffèrent suivant leur nature, ont surtout de l'importance pour l'agriculture; ce sont : le *sable* ou *gravier*, l'*argile* ou *glaise*, et le *calcaire* ou *pierre à chaux*. Les sols où domine le sable sont appelés *siliceux, sablonneux* ou *sableux*. Les sols à base d'argile se divisent en deux espèces : suivant la proportion plus ou moins forte de celle-ci, qui communique à la terre plus ou moins de ténacité, on reconnaît un terrain *argileux* ou *glaiseux*, qui constitue ce qu'on a coutume d'appeler *terre forte*; puis un terrain *loameux*, qui correspond à la *terre franche*. Le premier renferme plus d'argile; le second en enferme moins. La chaux encore, suivant la proportion plus ou moins forte dans laquelle elle se trouve dans une terre, caractérise deux espèces de terrains : le *terrain marneux*, qui en renferme le moins, et le *terrain calcaire* proprement dit.

§ IV. — *Du terrain siliceux, sablonneux ou sableux.*

Le *terrain sablonneux* s'est formé peu à peu par la décomposition des roches siliceuses ou silicatées. Il a peu de liaison, surtout lorsqu'il est à gros grains; de là son nom de *sol léger, mouvant*; mais plus son grain est fin, plus il paraît tenace. Ce sol retient peu l'eau, et la laisse évaporer d'autant plus facilement, que le grain en est plus grossier; pour ce motif, on le classe parmi les sols maigres et arides, dans lesquels les plantes dépérissent avec facilité pendant les années de sécheresse. Il s'échauffe vite et fortement, et retient longtemps la chaleur, ce qui lui donne l'avantage sur les autres terrains, à conditions égales d'ailleurs, de se ressuyer plus vite au printemps, de donner une végétation plus précoce, et de produire des fruits d'une maturité plus hâtive. Les effets de l'engrais ne sont pas d'une longue durée dans le sable, aussi exige-t-il des fumures plus fréquentes que les sols à base d'argile. Les plantes qui réussissent le mieux dans le terrain sablonneux sont le seigle, les pommes de terre, le blé noir ou sarrasin, le topinambour, et la spergule. La faculté qu'il possède d'être propre surtout à la culture du seigle lui a encore valu le nom de *terre à seigle*. Lorsque, sous un climat humide, ce terrain a un peu plus de consistance, on peut aussi, par une bonne culture, y récolter du trèfle, du lin, des pois, des carottes, du tabac, du colza, et en général toutes les plantes racines, et particulièrement celles qui appartiennent à la famille des crucifères. Des labours trop multipliés le rendent quelquefois tellement friable, que toute culture cesse d'y prospérer; alors il est nécessaire de lui donner du repos, ce qui doit se faire en le mettant en prairie ou en pâturage. Le terrain sablonneux peut être amélioré par les moyens suivants :

1° Par un mélange avec d'autres espèces de terre, surtout avec de la terre et de la marne argileuses;

2° Par les engrais forts et gras provenant des bêtes à cornes;

3° Par l'irrigation naturelle ou artificielle lorsqu'on utilise le sol pour prairie;

4° Enfin, en donnant peu à peu plus de profondeur à la couche arable.

Un terrain qui renferme un peu plus d'argile que le sol sablonneux proprement dit, de manière à être plus pâteux et à pouvoir retenir davantage l'humidité, est nommé *terrain de sable loameux*. Se rapprochant de la terre franche, ce dernier est propre à un plus grand nombre de cultures, et sa valeur est plus grande que celle d'un sol de sable mouvant. Le sol sablonneux proprement dit a plus de valeur sous un climat humide que sous un climat sec ; il vaut mieux également dans les plaines et dans les vallées que sur le penchant des montagnes ; il est plus productif sur la pente septentrionale d'une montagne que sur la pente méridionale ; sa fertilité est plus grande dans les contrées boisées et à proximité des grandes flaques d'eau ; les années humides lui sont plus favorables que les années sèches ; enfin, il est le moins difficile de tous à labourer, et le plus facilement accessible à la charrue en toute saison ; c'est le principal avantage qui en compense les inconvénients.

§ V. — *Du terrain argileux ou glaiseux. Terre forte.*

Le *terrain argileux*, par la grande quantité de ses propriétés, est l'opposé du terrain sablonneux. Il a beaucoup de ténacité ; il est très-compacte et très-adhérent, ce qui le rend fort difficile à façonner ; aussi faut-il souvent, pour le labourer, atteler trois ou quatre chevaux. Pour ce motif, on le classe parmi les terrains forts, qui exigent beaucoup de frais de culture, et où la répartition des travaux est presque toujours mauvaise par suite de l'impraticabilité des champs et des chemins dans la mauvaise saison.

Il est susceptible de s'imprégner d'une grande quantité d'eau et de la retenir fort longtemps, ce qui fait que les plantes y résistent mieux à la sécheresse que dans le terrain sablonneux, mais aussi elles y souffrent souvent de l'humidité. La terre argileuse s'échauffe plus lentement que le sable, et perd sa chaleur plus vite que ce dernier; de là vient, qu'à circonstances égales, elle sèche plus lentement que la terre sablonneuse, et que la récolte y est plus tardive. Il n'est pas convenable, en été, de la travailler par un temps humide, car alors elle se prend en mottes; il est avantageux, au contraire, de labourer ce sol avant l'hiver, car l'influence du froid le rend plus friable. L'air le pénètre difficilement à cause de sa ténacité, d'où il résulte que l'action du fumier s'y fait sentir plus longtemps que dans le sol sablonneux; c'est pour ce motif que l'on donne aux terres fortes une bonne fumure tous les trois ou quatre ans, tandis qu'il faut fumer les terrains sablonneux tous les ans ou tous les deux ans. C'est par les moyens suivants que l'on peut parvenir à améliorer le terrain argileux, et à en diminuer la trop grande ténacité :

1° En le mélangeant avec des terres légères, meubles, comme, par exemple, de la terre et de la marne sablonneuses et calcaires, ou avec du plâtras provenant de démolitions, puis encore par l'enfouissage des récoltes vertes ou du gazon;

2° En lui donnant du fumier léger et pailleux de mouton ou de cheval;

3° Par l'écobuage;

4° Par des labours profonds, pratiqués avant l'hiver;

5° Par les labours de jachère et les cultures sarclées, telles que pommes de terre, carottes, betteraves, choux, navets, etc.;

6° En rendant peu à peu la couche arable plus

profonde dans les cas où elle repose sur un sous-sol
à la fois plus léger et plus perméable.

Généralement le froment réussit bien dans ce sol,
ce qui l'a fait nommer *terre à froment*. Il convient en
outre, surtout lorsqu'il est un peu calcaire, à l'épeautre, à l'orge à deux rangs ou grosse orge, au colza,
aux féveroles, au lin, au trèfle, à l'avoine, aux prairies naturelles et aux bois. Un sol argileux, qui renferme peu de sable, est appelé *terre tenace*, *terre
froide*; il est désigné par la dénomination de *terrain
argileux léger*, quand la proportion de sable y est
plus forte. Par le mot *argile* proprement dite, on
entend cette terre forte, tenace et imperméable qui
devient dure par la dessiccation, et qui prend beaucoup de retrait. Lorsque l'argile sert de sous-sol à
un terrain sablonneux, elle présente l'avantage de le
maintenir toujours dans un état convenable d'humidité. L'imperméabilité de l'argile la fait servir
fréquemment à des travaux hydrauliques.

§ VI. — *Du terrain loameux. Terre franche.*

La *terre franche* est un mélange d'à peu près parties égales de glaise ou argile et de sable. Lorsque la
proportion de glaise y est plus forte que celle du
sable, la terre franche se rapproche du terrain précédent. On la désigne par le nom de *terre franche légère*,
lorsqu'il y a plus de sable que de glaise; avec une
proportion de sable plus forte encore, on l'appelle
terre franche sablonneuse. La terre loameuse est plus
facile à façonner que la terre argileuse. Lorsque c'est
le sable qui y domine, elle retient mieux la chaleur;
elle conserve davantage l'humidité quand la glaise y
est prépondérante. Le terrain loameux est le meilleur
de tous, car il est propre à la culture de presque

toutes les plantes, et un temps défavorable lui est moins nuisible qu'aux autres sols. Lorsque, par sa constitution, il se rapproche du terrain fort, il convient bien aux plantes qui aiment ce sol ; il en est de même des végétaux qui recherchent le sable lorsque la terre franche se rapproche du terrain sablonneux. La terre franche est particulièrement propre aux céréales, aux farineux, au trèfle et à d'autres plantes fourragères, aux pommes de terre et aux navets, à la plupart des plantes commerciales, comme le colza, le lin, le tabac, la garance, etc. Comme l'orge réussit de préférence dans ce terrain, on l'appelle aussi *terre à orge*. La constitution du sous-sol, la situation, la direction et la pente, influent beaucoup sur sa valeur.

§ VII. — *Du terrain calcaire.*

Le *calcaire*, lorsqu'il se trouve sans mélange, est aussi impropre et plus impropre même à la culture que l'argile pure et le sable pur. Cependant un mélange convenable d'argile et de sable peut rendre le terrain calcaire très-fertile. Ce sol, à cause de son peu de ténacité, est facile à façonner à l'état sec et lorsqu'il n'a qu'une humidité moyenne ; quand il est très-humide, il devient souvent boueux, mais il sèche toujours en fort peu de temps. Les labours, pendant qu'il est humide, ne lui nuisent pas autant qu'aux terres fortes. Il absorbe plus d'eau que la terre sablonneuse, et moins que les terres argileuses et riches en humus. Il sèche plus vite que le terrain argileux, ce qui fait que les plantes y souffrent davantage dans les années sèches. Le terrain calcaire, ayant la propriété de s'échauffer rapidement et de retenir longtemps la chaleur, est classé parmi les terrains chauds et brûlants. Il exige beaucoup d'engrais, qu'il décompose vite ; le fumier des bêtes bovines, bien consommé, lui convient particulièrement. Le sol calcaire se prête spécialement à la culture du froment, de l'épeautre, de l'avoine, de l'orge, et surtout de la luzerne, du sainfoin et de toutes les espèces de trèfle. Une trop forte proportion de chaux ou de sable lui fait perdre beaucoup de sa valeur ; mais on peut l'améliorer en le mélangeant avec de l'argile, de la marne argileuse, de la terre franche ou d'autres amendements appropriés à sa nature, et surtout par des labours profonds.

§ VIII. — *Du terrain marneux.*

La marne est une espèce de terre composée d'une notable quantité de chaux, d'argile et de sable fin. Elle se présente sous forme terreuse, schisteuse, laminaire et pierreuse. Sa couleur varie beaucoup ; elle est blanchâtre, jaune, jaunâtre, brune, grisâtre, rouge ou bleuâtre. Les caractères suivants servent à distinguer la marne. Sèche, elle absorbe l'eau avec avidité ; exposée à l'air, elle se délite plus ou moins facilement ; aspergée d'un vinaigre fort, elle fait effervescence. Dans une exposition convenable, le terrain marneux est propre à la luzerne, au sainfoin, au trèfle, aux vesces et aux pois. Parmi les plantes sauvages qui y croissent spontanément, on remarque particulièrement le tussilage, la ronce, l'arrête-bœuf, la luzerne lupuline, etc. D'après la composition et les caractères extérieurs, on distingue différentes sortes de marne :

1° *Marne argileuse*, lorsque l'argile en constitue plus de la moitié ;

2° *Marne calcaire*, lorsque la chaux y entre pour plus de moitié ;

3° *Marne sablonneuse*, lorsque le sable y prédomine.

D'après son degré de cohésion, on divise encore la marne en :

1° *Marne terreuse*, lorsque, par l'influence de l'air, elle prend un aspect terreux ;

2° *Marne pierreuse*, lorsqu'elle forme une masse compacte et pierreuse ;

3° *Marne schisteuse* ou *feuilletée*, lorsqu'elle paraît être composée de petites tranches (lamelles).

La marne est un excellent amendement pour les terres privées de chaux ; elle rend solubles les parties nutritives (humus) contenues dans le sol ; elle diminue la trop grande ténacité de la terre forte, et la rend plus fertile ; elle neutralise l'acidité qui se trouve en excès dans le sol, et contribue à la destruction des mauvaises herbes. Ce sont les marnes sablonneuses et calcaires qui conviennent le mieux aux terrains privés de chaux.

§ IX. — *De l'humus.*

Par *humus*, on entend une masse pulvérulente, meuble, légère, noirâtre ou d'un brun noir, formée par le détritus de la putréfaction des substances animales et végétales, et que l'on désigne vulgairement sous le nom de *terreau*. En délayant l'humus dans l'eau, on obtient une liqueur brune ; c'est cette matière brune, soluble dans l'eau, qui, absorbée par les extrémités du chevelu des racines, forme la principale nourriture des plantes. Cette substance est introduite dans le sol par les différents engrais ; elle produit de très-bons effets, non-seulement comme fumier, mais encore comme amendement, en rendant plus meuble et plus léger le terrain argileux, qui en devient plus facile à façonner. L'humus s'imbibe de beaucoup d'eau, et la retient fort longtemps ; aussi une terre sablonneuse, fumée avec un engrais consommé, se maintient-elle humide plus longtemps qu'une terre de cette espèce non fumée. L'humus attire les vapeurs d'eau contenues dans l'air; par là encore il est utile à la végétation.

Par sa couleur noire, il s'échauffe vite, ce qui lui donne la propriété particulière de communiquer de la chaleur aux terrains froids. Un excès d'humus dans le sol nuit à la végétation de diverses plantes, par exemple, aux céréales, qui, dans ce cas, versent et ne produisent pour ainsi dire que de la paille sans graines, ou tout au moins avec des graines imparfaites.

Un terrain peut recevoir différentes dénominations d'après la quantité d'humus qu'il contient. Ainsi, on nomme :

1° *Terrain riche et gras*, celui qui renferme une proportion extraordinaire d'humus ;

2° *Terrain fertile*, celui qui, dans des conditions favorables d'ailleurs, produit toujours de bonnes récoltes ;

3° *Terrain maigre*, celui qui ne renferme que peu d'humus ;

4° *Terre stérile*, *terre morte*, le sol tout à fait privé d'humus.

Lorsque l'humus, mélangé avec de la terre végétale, s'y trouve dans un état soluble dans l'eau et accessible aux influences de l'air, de manière à pouvoir servir à la nutrition des plantes, on l'appelle *humus neutre*. En contact avec trop d'humidité et privé de l'action de l'air, il devient acide; cet *humus aigre* ou *acide* se produit principalement dans les terres tourbeuses et marécageuses; on le reconnaît toujours par les plantes de marais auxquelles il donne naissance, telles que les scirpes, les laiches, certaines mousses, etc. Il est généralement nuisible aux végétaux cultivés ; on peut l'améliorer par la mise à sec, l'établissement de fossés d'assainissement, l'emploi de la chaux vive ou des cendres, et par l'écobuage.

§ X. — *Du terrain pierreux.*

Les pierres jouent dans le sol un rôle variable, suivant l'espèce de roches à laquelle elles appartiennent, et suivant qu'elles se délitent plus ou moins facilement pour tomber en poussière. Les pierres calcaires, par exemple, sont moins préjudiciables que les pierres de sable ou de quartz, qui échauffent trop le sol, le dessèchent et usent rapidement les instruments aratoires. Une couche arable, couverte d'une grande quantité de pierres, présente les inconvénients suivants :

1° La superficie du sol productif est diminuée, parce que l'espace occupé par une pierre ne peut l'être en même temps par une plante.

2° La préparation du sol en devient beaucoup plus difficile, et les instruments aratoires s'y usent davantage ; un sol pierreux est un obstacle à l'introduction des charrues perfectionnées, telles que la charrue brabançonne, la charrue légère des Flandres, ou toutes autres charrues à pied, construites d'après les principes de la mécanique agricole.

3° Les terres pierreuses sont impropres à la culture des plantes qui exigent un sol meuble, telles que les racines.

4° Les pierres en grande quantité échauffent trop le sol léger dans les années sèches, et lui font perdre trop tôt son humidité.

5° Enfin, les pierres présentent un abri facile aux limaces, aux lombrics et aux larves des insectes.

Il y a cependant des cas où les pierres peuvent offrir quelques avantages aux plantes :

1° Elles donnent un peu plus de consistance aux terrains trop légers et trop mouvants, composés de sable ou de tourbe ; elles y compriment les particules terreuses, et procurent ainsi aux plantes un point d'appui plus solide.

2° Les petites pierres contribuent à échauffer les terrains compactes, glaiseux et froids, et à diminuer leur trop grande ténacité.

3° Sur les pentes des montagnes, les pierres peuvent servir d'appui à la bonne terre, qu'elles empêchent ainsi d'être lavée par les grandes pluies.

4° Les pierres qui se délitent contribuent, en se décomposant, à l'amélioration du sol. Les pierres calcaires et marneuses, par exemple, améliorent les terres fortes ; les schistes argileux sont favorables aux terrains sablonneux.

§ XI. — *Des terrains tourbeux et marécageux.*

Le *sol tourbeux* se forme dans les endroits où l'eau reste stagnante. Ce terrain produit constamment certaines plantes, telles que les laiches, les joncs, les scirpes et les mousses, qui périssent, et dont les restes non décomposés, en mélange avec des substances terreuses et bitumineuses, donnent naissance à ce qu'on appelle *tourbe*. Le grand excès d'humidité dont ce sol se trouve chargé, empêche l'air d'y opérer la décomposition totale des résidus des plantes, ce qui détermine la formation de l'humus acide.

Le *terrain marécageux* est moins humide ; aussi les détritus y sont-ils dans un état de décomposition plus avancé. Ce sol est noir, meuble et pulvérulent ; la culture en est plus facile que celle du sol tourbeux. Dans la plupart des cas, les terrains tourbeux et marécageux ne sont propres qu'à la formation des prairies.

§ XII.—*Signes par lesquels le cultivateur peut apprendre à distinguer les diverses espèces de terrains.*

Il est utile et important pour chaque cultivateur de bien connaître, d'après leurs parties constituantes, les diverses espèces de terres qui forment la couche arable de ses champs ; car alors seulement il est capable de traiter chaque terrain d'après sa nature propre, pour n'y cultiver que les plantes qui peuvent lui donner le plus de produits. Chaque agriculteur intelligent saura, par exemple, qu'il est désavantageux de façonner en été et dans un état humide les terrains forts ; il saura aussi que, dans ces mêmes conditions, il n'y a aucun inconvénient à labourer un sol sablonneux. S'il sait tout cela, c'est par suite d'une longue pratique, et il traite en conséquence les divers terrains sur lesquels il opère. Mais supposons qu'après avoir occupé une ferme à sol sablonneux et léger, il devienne possesseur, par achat ou par bail, d'un domaine à sol argileux, compacte et fort, que lui arrivera-t-il alors s'il est incapable de distinguer la différence des terrains ? Il voudra appliquer à ces terres fortes les pratiques qui lui avaient réussi auparavant pour les terres sablonneuses, et il ruinera dès le commencement son bien nouvellement acquis, de manière à n'y faire, pendant plusieurs années, que de mauvaises récoltes. Une instruction concise pour reconnaître la composition d'un terrain quelconque ne pourra donc être que fort utile à chacun.

Les différents sols se reconnaissent :

1° *Aux caractères qui peuvent être perçus par les yeux* :

a. Lorsque la charrue produit des tranches ou des mottes d'un aspect luisant, qui restent sans s'émietter pendant quelque temps, on a affaire à un sol argileux, compacte et fort; mais si, après un certain laps de temps, ces tranches tombent d'elles-mêmes en miettes, cela annonce un sol calcaire ou marneux. Un terrain qui, labouré à l'état humide, ne donne pas de tranches luisantes, est un terrain léger, c'est-à-dire, une terre sablonneuse ou formée d'un sable argileux. De fort grosses mottes produites par les labours, des fentes et des crevasses par une forte sécheresse, annoncent un sol fort. Moins un terrain se prend en mottes, mons il se fendille et se crevasse par une grande sécheresse, plus il se rapproche du terrain sablonneux.

b. Une terre qui, préparée à l'état humide, adhère beaucoup aux instruments, contient beaucoup d'argile ; moins elle est adhérente, plus elle renferme de sable, de chaux et d'humus.

c. Une couleur blanchâtre indique dans un terrain la chaux ou le plâtre ; une nuance jaunâtre ou rougeâtre est un signe de la présence du fer avec de l'argile et de la chaux. L'humus se reconnaît à une couleur noirâtre ou brune foncée ; dans les bas-fonds et les vallées profondes, siéges d'anciens marais, cette dernière nuance annonce un sol tourbeux ou marécageux. Lorsque, en faisant bouillir une terre avec de l'eau, on obtient une liqueur d'un jaune brun, cette terre contient de l'humus; le liquide obtenu est-il incolore, alors il n'y a que peu ou point d'humus. La couleur noirâtre que prend intérieurement un morceau de terre après avoir été calciné au feu fait conclure à la présence de l'humus; dans la même condition, l'absence de cette couleur prouve qu'il y a peu d'humus.

d. En versant sur une terre du vinaigre fort ou de l'esprit-de-sel (acide hydrochlorique), s'il y a effervescence ou bouillonnement, cette terre est calcaire ou marneuse; l'absence de ce signe indique un terrain privé de chaux.

e. Plus un sol reste longtemps humide après une pluie, plus il renferme d'argile : c'est tout le contraire lorsqu'il y a du sable.

f. Un terrain contient beaucoup d'argile, lorsque, après une grande pluie, l'eau reste stagnante à sa surface; si, au contraire, elle s'infiltre pendant la pluie même, il y a peu d'argile et beaucoup de sable ou de chaux.

g. La présence du tussilage ou pas-d'âne, de la sauge sauvage, du trèfle-lupuline, et de l'arrête-bœuf, indique un sol plus ou moins calcaire. L'absence de ces plantes sauvages annonce un sol pauvre en chaux. Les espèces dites *plantes aigres,* comme les laiches, les scirpes, les prêles, prouvent que le sol souffre d'un excès d'humidité; dans ces conditions, les prairies produisent le fourrage de qualité inférieure, qu'on appelle *foin aigre.* Un sol appartient à la classe des terrains légers, lorsque le seigle, le sarrasin, les pommes de terre et les carottes y réussissent bien; là où l'épeautre et le froment prospèrent particulièrement, on peut ranger le sol dans la classe des terrains forts ou argileux. Une végétation vigoureuse de luzerne, de trèfle, de sainfoin, indique un sol calcaire ou marneux.

2° Aux caractères qui peuvent être perçus par l'odorat.

Lorsque, en aspirant fortement, les narines posées

sur une motte de terre, on remarque cette odeur propre à l'argile, on sait que l'on a affaire à un sol plus ou moins argileux. L'absence totale de cette odeur particulière prouve que le sol est sablonneux ou calcaire.

3° *Aux caractères qui peuvent être perçus par l'ouïe.*

Une terre qui, triturée dans une écuelle, ou écrasée sous les dents, produit un certain craquement, est sablonneuse.

4° *Aux caractères qui peuvent être perçus par le toucher.*

Un terrain gras au toucher contient beaucoup d'argile; si on le trouve tendre en le frottant entre les doigts, il est privé de sable grossier; rude au toucher entre les doigts, il y a plus ou moins de sable. Un sol difficile à façonner avec la charrue comme avec la houe, à l'état sec comme à l'état humide, un sol pareil est très-argileux; dans le cas contraire, il y a beaucoup de sable.

§ XIII. — *Règles pratiques à suivre relativement aux façons et aux labours des différentes espèces de sols.*

Maintenant que nous connaissons les différentes espèce de sols ou de terrains d'après leur nature et les signes qui servent à les distinguer, il nous reste à faire connaître le traitement le plus convenable à faire subir à chacun de ces sols, afin que l'on puisse y faire de bonnes et riches récoltes.

1° Le nombre de labours à donner à un terrain dépend de différentes circonstances; c'est ainsi qu'un terrain fort, tenace et compacte, a besoin d'être labouré et hersé plus souvent qu'un sol léger et meuble; c'est encore ainsi que, pour les semailles d'automne, on donne souvent une, deux ou trois façons, tandis que, pour les semailles de printemps, un ou deux labours suffisent. Enfin, pour la jachère, le terrain a besoin d'être retourné trois à quatre fois : une fois avant l'hiver, puis après les semailles de printemps, ensuite en juillet ou en août, et au mois de septembre avant la sémination. Une terre couverte de mauvaises herbes demande aussi à être labourée plus fréquemment qu'un sol propre et net.

2° Si l'on a affaire à un terrain argileux, on peut le labourer humide avant l'hiver, mais il faut alors se garder de le retourner dans cet état au printemps ou en été. Pour façonner avec avantage la terre forte, il est bon de choisir le moment où elle n'est ni trop humide, ni trop sèche. Qu'on n'oublie jamais, avant l'hiver, de labourer ce terrain à une profondeur convenable ; ce labour le rend friable et meuble.

3° Il est plus avantageux de façonner un terrain léger et meuble lorsqu'il est un peu humide que lorsqu'il est trop sec. Un sol léger, retourné dans un état trop sec, achève de perdre son humidité, ce qui diminue encore le peu de ténacité qu'il possède.

4° Si les circonstances le permettent, il est toujours utile de labourer à une profondeur convenable, mais il faut avoir soin toutefois de n'augmenter que peu à peu la profondeur des sillons, et de ne pas économiser les engrais. Dans un champ qui a reçu un labour profond, les plantes résistent mieux à un excès d'humidité, les céréales n'y versent pas aussi facilement et donnent un produit plus considérable.

5° Les terrains forts, humides, froids et imperméables, ne doivent être façonnés qu'en billons (dos-d'âne) étroits et hauts, d'une largeur de un à deux mètres environ ; sur les sols meubles et perméables, cette précaution est inutile.

6° Il est convenable de faire précéder les semailles

5

d'un labour à sillons étroits et profonds. En emblavant un terrain fort et compacte, il est bon que les mottes soient bien divisées; c'est le contraire pour un sol meuble et léger : il est utile qu'il soit en mottes pendant l'hivernage des semailles.

7° Un agriculteur laborieux ne laisse jamais ses chaumes hiverner sans labours.

8° Les pâturages et les champs de trèfle doivent toujours être rompus avant l'hiver, parce que la terre s'émiette avec beaucoup de facilité sous l'influence des gelées.

9° Si l'exploitation du cultivateur est étendue, celui-ci trouvera de l'avantage à exécuter parfois des labours en tout sens, en long et en large (labours croisés).

CHAPITRE II.

DES ENGRAIS ET AMENDEMENTS.

—

INTRODUCTION.

Ce chapitre a pour but de rendre le cultivateur attentif à la grande importance de l'engrais, à la manière de le produire et de l'appliquer. Celui qui veut bien diriger une exploitation rurale doit recueillir soigneusement tout ce qui peut servir à amender et fertiliser ses terres; il ne doit absolument rien laisser perdre. C'est par la manière dont est établi l'emplacement du fumier, c'est par l'intelligence avec laquelle est traitée cette précieuse matière, que l'on distingue l'agriculteur qui connaît son métier, de celui qui ne le connaît pas. Lorsqu'on voit le fumier éparpillé dans la cour, dispersé par les poules, lavé par les pluies, le purin s'écoulant dans les rues, on est sûr d'avoir affaire à un cultivateur négligent, qui mérite un blâme sévère. Celui qui sait obtenir en quantité un bon fumier actif, augmentera la richesse et la fertilité du sol, et par conséquent sa fortune. Donc, si l'on veut se procurer une plus grande somme de bien-être, il faut avant tout aviser aux moyens d'augmenter la production du fumier, et savoir en tirer le meilleur parti possible : c'est assez dire pour faire ressortir l'importance et la valeur de cette matière, car on peut soutenir avec raison que, sans engrais, une bonne agriculture est impossible. Cette importante question ne saurait donc être assez recommandée à l'attention des agriculteurs; la prospérité de leur exploitation en dépend.

§ XIV. — *Des divers engrais animaux.*

Fumier du gros bétail. — C'est ce fumier qui joue le rôle le plus important, et qui est produit en plus grande quantité dans toutes les exploitations rurales. Il convient à toutes les plantes et à tous les sols; il donne de la consistance à la terre sablonneuse et meuble, de la souplesse au terrain argileux, et il rafraîchit les sols brûlants, calcaires et marneux. De tous les fumiers, c'est celui qui agit le plus longtemps et avec le plus d'uniformité. La durée de sa force dépend principalement du genre de nourriture donnée au bétail qui le produit. Le meilleur fumier est celui qui est fourni par les bêtes à l'engrais, qui reçoivent en général une bonne nourriture. Les bêtes maigres, par contre, dont le principal fourrage consiste en paille, ne produisent qu'un engrais pauvre et de peu de valeur.

Fumier de mouton. — C'est l'un des engrais les plus actifs : il est plus sec et plus chaud que celui du gros bétail, ce qui le rend avantageux aux sols forts et froids, qu'il ameublit, et dont il favorise le desséchement. La litière, d'après sa nature et la quantité de paille employée à sa formation, influe beaucoup sur l'action du fumier de mouton. Celui-ci est d'un effet plus prompt, mais d'une moins longue durée que le fumier du gros bétail. Les blés fumés avec l'engrais de mouton tendent beaucoup à verser ; il est plus avantageux au colza, à la navette, au tabac, aux choux, au chanvre, etc. L'orge fumée avec le fumier de mouton produit moins d'amidon, et ses graines germent avec irrégularité ; aussi les brasseurs n'aiment-ils pas cette qualité d'orge. Avec cet engrais, la betterave renferme moins de sucre qu'avec le fumier du gros bétail. Comme litière pour les moutons, la terre mérite généralement d'être recommandée ; par ce moyen, les excréments de ces animaux sont moins exposés à se moisir, et les principes volatils qui s'en dégagent se fixent dans la terre au lieu de se perdre. Le travail nécessaire pour charrier la terre destinée à cet objet se trouve bien compensé par la production d'un fumier meilleur et en plus grande quantité.

Le parcage des moutons est également un bon moyen pour donner aux champs, aussi bien qu'aux prés, une fumure qui agit avec force et rapidité ; ses effets sont surtout efficaces sur les graines oléagineuses, ainsi que sur les céréales d'automne. Le parcage peut encore être pratiqué longtemps après les semailles, si le sol n'est pas trop compacte ou trop humide ; c'est même un excellent moyen pour remettre les jeunes plantes lorsqu'elles sont faibles et souffrantes. Sur le sol sablonneux, le parcage n'agit pas seulement par la fumure, mais encore par le piétinement qui donne plus de corps au terrain. L'utilité de cette pratique est si bien reconnue en Ardenne, qu'on ne néglige jamais de faire passer le troupeau de moutons sur les terres ensemencées, chaque fois que les circonstances le permettent. Lorsque le parcage est appliqué à une terre non encore emblavée, il est nécessaire de recouvrir sans retard l'engrais de mouton par un labour superficiel. Plus il fait chaud, plus il faut hâter ce labour.

Fumier de cheval. — Le fumier de cheval, très-pailleux, agit plus vite que celui de mouton, mais ses effets sont moins durables encore que ceux de ce dernier. Le fumier de cheval convient particulièrement aux terrains froids et adhérents ; il est moins utile aux sols légers et sablonneux. Ce fumier entre très-facilement en fermentation ; il est donc nécessaire de l'arroser fréquemment de purin, pour qu'il ne puisse se consumer par sa propre chaleur. Sa nature chaude le fait employer souvent à l'établissement des couches. Une pratique fort avantageuse est de le mélanger avec du fumier de gros bétail et de porc ; on lui fait perdre de la sorte une bonne partie des propriétés qu'il possède de se brûler. Un bon conseil à suivre l'orsquon est dans le cas de mettre à part le fumier des chevaux, c'est de le couvrir de temps à autre d'une couche de terre. La bonté de ce fumier dépend également du genre d'alimentation de ces animaux.

Fumier de porc. — La nourriture presque toujours aqueuse que l'on donne au porc rend également le fumier de cet animal très-aqueux ; pour ce motif, on le classe parmi les engrais frais. Les porcs alimentés

avec des graines, des pommes de terre, des glands, etc.,
produisent un meilleur fumier que ceux qui ne reçoivent que les déchets ordinaires de la cuisine. Comme
on donne ordinairement aux porcs les déchets de net-
toyage des grains, qui renferment toujours des semences de mauvaises herbes dont la faculté germinative ne
se perd pas facilement, le fumier qui en provient parait
mieux convenir aux prairies qu'aux champs cultivés.

Fumier de volaille (colombine). — Les pigeons et
les poules se nourrissent ordinairement de graines ;
les poules mangent même des insectes et des vers, ce
qui fait que les excréments de ces oiseaux constituent
l'un des fumiers les plus actifs, dont les effets sont
prompts, et qui est utile à toute espèce de récoltes.
On l'emploie en poudre, et, pour le réduire à cet état,
on le soumet à l'action du fléau, après l'avoir laissé
préalablement sécher à l'air ou dans un endroit couvert et aéré. Cet engrais convient aux terres froides
et humides plutôt qu'aux sols légers. La colombine, à
cause de ses effets fertilisants, mériterait d'être recueillie avec beaucoup de soin; il serait fort avantageux de recouvrir de temps à autre la surface des
colombiers et des poulaillers d'une couche de terre
sèche ou de paille hachée, pratique qui contribuerait
à augmenter la quantité et la bonté de ce fumier. Les
excréments des oies et des canards ont peu de valeur;
on peut même dire que la fiente récente du premier
de ces animaux est parfois nuisible aux plantes; dans
les prairies naturelles, par exemple, elle fait disparaître toute la bonne végétation; c'est tout au plus si
quelques mauvaises herbes y survivent.

Guano. — Cette substance n'est autre chose que
la fiente d'oiseaux de mer, qui habitent, en bandes
innombrables, de petites îles sur les côtes du Pérou, du Chili et de la Colombie. Accumulée depuis

des siècles, elle y forme des dépôts pour ainsi dire inépuisables. Depuis longtemps, les cultivateurs de ces contrées s'en servent pour féconder leurs terres, mais ce n'est que depuis peu d'années que les Européens ont soumis cet engrais à des expériences multipliées, dont les résultats ont été très-satisfaisants. Tout récemment il s'est constitué une compagnie, composée de deux maisons françaises et d'une maison anglaise, qui a obtenu du gouvernement péruvien la concession de l'exploitation des dépôts de *guano*.

Les expériences comparatives faites à ce sujet par M. J. Rieffel, directeur de l'Institut agricole de Grand-Jouan, peuvent être résumées par les chiffres suivants :

Si le noir de raffinerie vaut fr. 10 00 les 100 kil.
On peut estimer le guano   16 50   »   »
Le noir factice   3 00   »   »
Le fumier de ferme   0 41   »   »

Ainsi, les cultivateurs qui peuvent produire le fumier ordinaire dont ils ont besoin au prix de fr. 0,41 les 100 kilogrammes, ne devront pas payer le guano plus de 16,50, autrement ils se trouveraient en perte.

Engrais humain. — Cet engrais agit puissamment sur les plantes potagères à croissance rapide; on devrait pendant l'hiver en arroser tous les jardins potagers et tous les champs à choux. Son action est également très-efficace sur toutes les plantes de la grande culture, et particulièrement sur celles qui doivent porter des graines. Cet engrais est excellent pour fortifier les semailles d'automne qui sont souffrantes au printemps; mais comme il est fort caustique, il est nécessaire de l'étendre d'eau avant de l'employer, autrement il pourrait être nuisible aux jeunes plantes. Il ne convient pas aux arbres fruitiers sans avoir été mélangé auparavant avec de la terre ou de l'eau ; car plusieurs observations ont prouvé qu'en l'employant pur on s'expose à occasionner la mort successive des rameaux. Le compost, arrosé fréquemment avec le fumier des fosses d'aisances et retourné à plusieurs reprises, gagne beaucoup en valeur. Il est très-avantageux de disposer ces fosses de manière à pouvoir diriger les matières fécales dans le réservoir à purin. Une pratique qui mérite encore d'être recommandée est celle qui consiste à jeter de temps en temps de la terre dans les commodités ; cette terre, en absorbant les substances liquides et volatiles, détruit jusqu'à un certain point l'odeur infecte, et rend la vidange et le transport du fumier plus faciles.

§ XV. — *De la manière de traiter les engrais animaux.*

La manière dont on traite le fumier est généralement fort vicieuse ; il est donc très-important de faire connaître la méthode la plus rationnelle de traiter ce produit, car il joue un rôle trop important en agriculture pour qu'on n'y consacre pas tous ses soins, depuis sa production à l'étable jusqu'à son emploi. L'attention du cultivateur doit surtout se porter sur les objets suivants.

Choix de la litière. — La litière est destinée à absorber les excréments animaux ; outre cela, elle a encore pour but de leur procurer une couche molle et chaude, de les tenir propres et sains, et d'augmenter la quantité de fumier. On atteint le mieux ces différents buts en employant les diverses espèces de paille de seigle, de froment, d'épeautre, d'avoine, d'orge, etc. Les pailles d'avoine et d'orge, rentrées en bon état, sont généralement employées comme fourrages. Dans certaines localités, on emploie aussi comme litière les feuilles mortes des bois, les mousses, la bruyère, le roseau, les fougères, les scirpes, la sciure de bois, etc.

Dans les années peu propices à la paille, la litière terreuse, dont l'usage commence à se généraliser depuis quelque temps, mérite une attention particulière ; on utilise pour cela la tourbe, le gazon, le sable et la terre sèche. Cette espèce de litière est principalement applicable aux bergeries ; on s'en sert aussi parfois dans les étables du gros bétail. Elle absorbe les principes fertilisants, qui sont volatils, ce qui donne naissance à un engrais à la fois abondant et de bonne qualité.

Quant à la quantité de litière nécessaire, elle dépend particulièrement de l'espèce d'animal ; ainsi il en faut plus pour le gros bétail, toute proportion gardée, que pour les chevaux et les moutons, les excréments de ces derniers animaux étant plus secs que ceux des bêtes à cornes. Pour les animaux nourris au vert, il faut plus de litière que pour ceux qui sont entretenus avec des fourrages secs. Il faut également beaucoup de litière aux bêtes nourries avec les résidus des distilleries, de même qu'à celles que l'on engraisse. La paille nécessaire à la litière des animaux peut être portée à 4 ou 5 kilogrammes pour l'espèce bovine, à 2 ou 3 kilogrammes pour l'espèce chevaline, et à un hectogramme pour l'espèce ovine, par tête et par jour. Il est utile de couper une ou deux fois en longueur la paille destinée à cet usage, afin que cette litière puisse mieux se mélanger avec les excréments. Puis, chaque fois qu'on change la litière, il faut porter vers le derrière de l'animal la litière sèche qui est restée du côté de la tête ; en nettoyant l'étable, il faut toujours ramasser du côté de la tête de l'animal la paille restée sèche.

Il est d'usage de nettoyer tous les jours les écuries des chevaux ; dans les étables à vaches, on laisse le fumier sous le bétail pendant plusieurs jours ; par là, la litière se mêle plus complétement avec les excréments et les urines. Lorsqu'on manque de litière, il faut nettoyer plus souvent les étables. Dans les bergeries, on laisse les excréments pendant plusieurs mois.

Emplacement du fumier.— Pour que cet emplacement soit convenablement établi, il faut qu'il réponde aux exigences suivantes :

1° Ne pas être trop éloigné des étables.

2° Se trouver commodément à portée des voitures.

3° Le fumier ne doit pas être exposé à recevoir les eaux de pluie ; on pare à cet inconvénient en entourant l'emplacement d'un petit canal ou d'un petit terrassement.

4° Il est avantageux que cet emplacement se trouve à l'ombre ; son exposition au soleil serait pernicieuse aux engrais. Lorsque cette exposition est inévitable, il faut autant que possible produire de l'ombre par des plantations de noyers, de tilleuls, de sureaux, ou de marronniers ; mais ces arbres ne peuvent prospérer que plantés à une distance suffisante du fumier, et garantis par une terre imperméable qui empêche le purin d'arriver jusqu'aux racines.

5° L'eau qui s'écoule du fumier ne doit pas se perdre ; elle doit être recueillie à l'endroit le plus bas, dans un réservoir en maçonnerie de chaux hydraulique, ou dans une fosse dont le fond et les parois sont revêtus d'une couche de terre glaise battue.

6° Une fois dans l'emplacement, le fumier ne doit y être ni trop humide ni trop sec : trop humide, la fermentation ne peut se faire d'une manière convenable; trop sec, il se consume et perd ainsi ses meilleures parties fertilisantes.

7° Rien de plus vicieux que les emplacements à fumier établis vers les routes et adossés en quelque sorte aux maisons et aux étables, où le fumier se trouve dispersé et lavé par les eaux des gouttières, perdent ainsi ses parties nutritives, qui s'écoulent à travers les rues pour vicier l'air et répandre l'infection. Lorsqu'il n'est pas possible de leur donner une autre destination, il faut au moins creuser le sol pour mettre le fumier à l'abri de toute perte, et avoir soin d'entourer l'excavation d'une petite muraille.

8° Un emplacement à fumier, convenablement établi, ne saurait être privé d'une pompe pratiquée dans le trou à purin, et destinée à élever facilement les eaux pour les répandre sur le fumier. Dans ces derniers temps, on a substitué aux pompes ordinaires des pompes foulantes, qui passent pour exiger moins de réparations que les autres; on prétend aussi que, dans un temps donné, l'on peut puiser plus de purin avec ces dernières qu'avec les premières.

9° Après avoir réalisé les conditions nécessaires pour établir d'une manière convenable l'emplacement du fumier, il faut songer aussi à soigner ce dernier bien rationnellement; pour cela il importe d'observer ce qui suit :

a. Le fumier apporté au tas ne doit pas y être jeté en petits monceaux, il faut qu'il soit répandu sur toute la surface.

b. Lorsqu'on met ensemble au même tas les excréments du gros bétail, des chevaux et des porcs, il faut mélanger ces divers engrais et les distribuer également.

c. Il faut bien comprimer le fumier sur les bords du tas, afin que celui-ci devienne bien compacte.

d. On doit toujours éviter de laisser subsister des vides dans un tas de fumier; on arrive à ce résultat en le faisant piétiner par les animaux de la ferme.

e. Il importe aussi que l'on fasse en sorte que le fumier ne se dessèche pas sur son emplacement, ou qu'il ne se trouve pas submergé. On parvient à empêcher le desséchement, en l'arrosant fréquemment avec du purin, opération pour laquelle une pompe à purin est fort avantageuse. Plus il fait chaud, plus il faut arroser. Lors même que des vapeurs se dégagent du tas de fumier, il est essentiel de ne pas cesser cet arrosement; en un mot, cette opération ne doit jamais être négligée, car les bons résultats qu'elle procure en compensent toujours amplement la peine.

f. On sait généralement que, par l'évaporation, le fumier perd beaucoup de principes fertilisants; il est aisé d'empêcher cette perte, en répandant de temps en temps, sur le tas, de la terre sèche, du gazon, de la marne, ou, ce qui vaut mieux encore, du plâtre réduit en poudre. Toutes ces substances absorbent les principes volatils, et les fixent jusqu'à ce qu'ils soient utilisés par la végétation. Un fumier, préparé de la manière qui vient d'être indiquée, ne craint ni pluie ni sécheresse, et ne souffre pas de la moisissure.

Construction des plates-formes à fumier. — La quantité de fumier produite par une ferme est égale en poids au double de la consommation en fourrage et en litière; si cette consommation est égale à 25 kilogrammes par tête de cheval ou de bœuf, la quantité de fumier produite par cheval ou par bœuf, et par jour, sera de 50 kilogrammes, les animaux étant supposés toujours à l'écurie; par année, elle sera de 18,250 kilogrammes. Mais cette supposition n'est pas conforme aux faits; en général, on doit compter pour les chevaux seulement sur les deux tiers de cette quantité, et pour les bœufs et les vaches sur une proportion déterminée d'après la durée du pacage et des travaux qui les tiennent hors de l'étable; si le pacage est de six mois, on doit compter seulement la moitié de cette quantité par tête de gros bétail, en sorte que nous aurons, pour les chevaux, 12,170 kilogrammes par année, et pour les vaches, 9,125 kilogrammes par tête et par an. La quantité de fumier produite par les brebis ou moutons, d'après les mêmes principes et en les supposant hors de la bergerie pendant la moitié de l'année, est de 1,022 kilogrammes par tête.

Le mètre cube de fumier pesant 800 kilogrammes, la quantité de mètres cubes de fumier produite par la ferme se trouvera facilement; il suffira de diviser le poids total du fumier des animaux, chevaux, vaches, bœufs et moutons, par 800.

Supposons une ferme exploitée par six chevaux, ayant huit vaches et un troupeau de cent bêtes à laine; d'après les chiffres précédemment indiqués, on pourra recueillir 248,220 kilogrammes de fumier, ou 310 mètres cubes. La surface nécessaire à la confection et à l'entretien du fumier, en supposant qu'on le dispose sur deux plans ou plates-formes, séparés par une fosse où se rendent les eaux du fumier, isolés des eaux du dehors, et qu'on fasse des tas de 1^m50 d'élévation moyenne, cette surface sera exprimée en mètres carrés par les 2/3 du chiffre qui indique le cube des fumiers, soit 206^m2, et sera obtenue au moyen de deux aires carrées de 10 mètres de côté chacune, séparées par un fossé de 50 centimètres. Si les fumiers, ainsi qu'il arrive dans beaucoup d'exploitations, sont enlevés à deux époques distantes l'une de l'autre de sept mois, la surface nécessaire se réduit à 120^m54, et s'obtient par deux aires carrées de 8 mètres de côté chacune.

Les aires seront formées sur la surface du sol, sans le creuser; elles seront recouvertes d'une petite couche d'argile, si le sol est perméable, afin que les sucs du fumier ne s'infiltrent pas dans la terre. Entre les deux tas, on pratiquera une fosse murée ou enduite d'argile si cela est nécessaire, dans laquelle viendront se réunir les sucs qui découleront du fumier, et où l'on puisera le *purin*, soit pour le transporter sur les prés ou sur les champs, soit pour en arroser le fumier lorsqu'il en aura besoin. Autour des aires, qui seront recouvertes par des tas de fumier, on pratiquera dans la terre, immédiatement au pied des tas, des rigoles qui les entoureront et qui conduiront dans la fosse à purin tout le liquide qui s'en écoule. Ces rigoles doivent être garanties extérieurement des eaux de pluie ou autres qui pourraient y arriver du dehors, par une petite levée de terre compacte, d'un mètre environ de largeur et d'une hauteur suffisante pour empêcher qu'elle soit jamais franchie, soit par le liquide de la rigole, soit par les eaux extérieures; 10 à 15 centimètres de hauteur suffisent ordinairement pour atteindre ce double but, et l'on ne doit pas lui en donner plus qu'il n'est nécessaire, parce qu'elle gênerait la circulation des voitures au moment où l'on transporte le fumier du tas.

La fosse à purin, placée entre les deux tas, aura une capacité égale à la 45° partie de la totalité des tas, c'est-à-dire qu'elle sera de 1 mètre cube pour 45 mètres cubes de fumier; dans le cas précédent, c'est-à-dire pour 310 mètres cubes, elle devra pouvoir contenir environ 70 hectolitres. Cette citerne est tout à fait indépendante de celle qui doit exister près des étables pour recevoir l'urine des animaux, à moins qu'on ne veuille lui adjoindre cette destination; elle sera agrandie si cela a lieu.

La capacité des citernes servant à recueillir l'urine qui s'écoule des étables varie suivant les circonstances. Si l'on emploie beaucoup de litière, la quantité d'urine est moindre que si l'on en emploie peu ; si les eaux de pluie arrivent dans la citerne, elle devra être plus grande que si elles n'y arrivent pas.

On peut donner à la citerne une capacité de 0^m700 par vache, en supposant que les eaux de pluie y arrivent (on considère ici les eaux qui s'écoulent du toit de la vacherie), que la litière soit abondante, et qu'on la vide tous les deux mois.

Emploi du fumier d'étable. — L'expérience indique qu'en laissant le fumier longtemps sans emploi, il gagne en qualité et perd en quantité. Le cultivateur actif et intelligent sera donc fort scrupuleux sur les règles à observer pour atteindre, aussi bien que possible, le but que l'on se propose pour la fumure. Ces règles, les voici :

1° Lorsqu'on peut conduire dans les champs le fumier tout frais en le sortant de l'étable, on en perd le moins ; cependant, cette pratique n'étant pas toujours exécutable, il faut souvent le conserver jusqu'au moment opportun, et savoir le traiter convenablement.

2° Le fumier long, employé à l'état frais, convient surtout aux terres fortes et froides ; enterré peu à peu par la charrue, il contribue, par sa nature et par la fermentation qu'il produit, à ameublir ces sols, à en diminuer la ténacité. Pour les terres légères et meubles, il faut donner la préférence au fumier gras et consommé que l'on recouvre immédiatement avant les semailles.

3° La fumure des terrains humides et froids doit être effectuée de préférence en été et au printemps ; de cette manière, ces sols s'échauffent et s'ameublissent davantage. Les fumiers chauds sont surtout employés dans les saisons froides.

4° Les plantes qui occupent le sol pendant un long espace de temps supportent très-bien le fumier non consommé; celles au contraire qui ont une croissance rapide, telles que lin, chanvre, et en général toutes les espèces qui se sèment au printemps, exigent plutôt un engrais bien consommé.

5° Quant à la question de savoir si le fumier doit être recouvert de suite, ou s'il convient de le laisser plus ou moins longtemps à la surface du sol, les différentes opinions des agronomes sont encore fort partagées. Cependant on peut indiquer les règles suivantes comme les plus utiles à suivre :

a) Par un temps sec continu, comme il en arrive parfois dans le cours du printemps et de l'été, il est plus avantageux de recouvrir le fumier peu de temps après l'avoir conduit sur les champs, que de le laisser exposé aux influences du soleil; car, dans ce dernier cas, il se prend en pelotes dures et perd beaucoup de ses principes fertilisants.

b) Il faut également recouvrir le fumier sans retard dans tous les terrains qui ont besoin de cet engrais pour s'ameublir.

c) La même précaution est nécessaire pour les champs en pente, à la surface desquels le fumier, par un séjour prolongé, peut subir des lavages de pluies qui lui enlèvent ses qualités fertilisantes.

d) On laisse à la surface du sol le fumier qui doit agir rapidement; ainsi recouvertes, les semailles d'automne faibles et souffrantes reprennent de la force. On en use quelquefois de même envers le trèfle et les farineux; mais avant d'employer le fumier de cette manière, il faut s'assurer d'avance s'il est exempt de semences de mauvaises herbes. Une fumure destinée à agir lentement pour servir à une seconde récolte doit être recouverte.

e) En fumant fort et rarement, il est utile d'enfouir le fumier le plus tôt possible ; dans le cas contraire, on peut tarder à le recouvrir.

f) Il ne faut pas labourer de suite après avoir mis du fumier humide.

g) Il en est de même lorsqu'on a affaire à un sol argileux et humide.

h) Le fumier qui n'a pas encore subi de fermentation doit être recouvert peu de temps après avoir été charrié sur le champ.

6° Le fumier doit être répandu également sur le sol ; cependant, dans les terrains en pente, il convient d'en mettre plus sur la partie élevée que sur la partie basse. Il est vicieux de laisser séjourner l'engrais ramassé par petits tas ; sur les places occupées par ces tas, les plantes forment des touffes trop épaisses, et fléchissent avant leur maturité. Lorsqu'il y a urgence de conduire le fumier au champ sans pouvoir l'épandre de suite, il est préférable de le mettre en gros tas que l'on couvre de terre.

7° Le fumier ne doit jamais être enterré trop profondément. Dans les terres sablonneuses et légères, on peut l'enfouir un peu plus profondément que dans les terres fortes. La profondeur ordinaire est de 5 à 8 centimètres.

8° Il faut que le fumier soit toujours recouvert par les labours ; il est donc nécessaire qu'une personne suive la charrue pour le placer dans les sillons, lorsqu'il est frais et pailleux.

9° Ordinairement on fume avant les semailles, de manière à pouvoir bien mélanger le fumier avec la terre par le moyen des labours et des hersages.

10° Il est constaté par l'expérience que les plantes

qui supportent le mieux la fumure appliquée immédiatement avant les semailles sont les navets, les choux, le maïs, les féveroles, les betteraves, les pommes de terre, les carottes, les fourrages mélangés, le froment, l'épeautre, le seigle, l'avoine et le chanvre. Le fumier long et pailleux ne convient pas au lin et à l'orge. Cette observation est également applicable aux arbres fruitiers, lorsqu'on met leurs racines en contact immédiat avec les engrais de basse-cour. On aime à fumer avant l'hiver les cultures de printemps ; dans ce cas, il est avantageux de se servir de fumier long ; mais lorsque cette fumure ne peut être donnée qu'au printemps, il est plus convenable d'employer du fumier gras. Ceux qui pratiquent l'assolement triennal donnent ordinairement du fumier aux cultures de jachère, en partie avant, en partie après l'hiver. On fume la jachère pure, pendant l'été, le plus souvent en juin, juillet et août. Pour l'assolement alterne, on fume habituellement pour les pommes de terre, les betteraves, les carottes, les navets, les féveroles, les vesces et le colza.

11° Outre la pratique ordinaire d'éparpiller le fumier sur les champs, on connaît encore deux autres méthodes d'appliquer les engrais : l'une consiste à les mettre dans les sillons, ou à les semer en lignes avec un semoir, lorsqu'il s'agit de matières pulvérulentes ; l'autre consiste à enfouir les amendements, le fumier consommé, le compost, la poudre d'os, le guano, la suie, etc., dans des trous ou augets pratiqués à cet effet. Ces méthodes sont souvent employées pour les pommes de terre, le maïs, les fèves, le houblon et le colza d'été. Elles ont l'avantage de mettre les engrais plus à portée des racines et de présenter une économie dans l'emploi des principaux agents de la fertilité.

12° La quantité de fumier à charrier sur un champ dépend de la nature du terrain qui le compose ; ainsi une terre légère a besoin d'une fumure plus faible mais plus fréquente qu'une terre forte qui exige beaucoup d'engrais à la fois. Cette quantité doit dépendre en outre du degré de force que possède le fumier dont on fait usage et des plantes auxquelles on le destine. En employant le fumier de moutons et de chevaux, il en faut une quantité moindre que si l'on employait le fumier du gros bétail. Les plantes qui supportent le mieux de fortes fumures sont le tabac, le chanvre, les choux, le maïs, le houblon, le colza, les pommes de terre, les betteraves et les navets.

D'après ce qui précède, une fumure est tantôt forte, tantôt faible, suivant la qualité des engrais et des terres, et suivant la quantité employée. On peut toutefois, pour une surface d'un hectare de terre, considérer que la fumure est :

a) Faible avec . . 15,000 à 22,500 kilogr. ou 10 à 15 voitures de fumier.
b) Ordinaire avec 25,000 à 35,000   »   ou 17 à 25   »
c) Très-forte avec 37,500 à 60,000   »   ou 25 à 40   »

Pour une voiture à quatre chevaux, chargement ordinaire, on compte 1,500 kilogr. de fumier.

13° Les époques auxquelles il convient de renouveler les fumures sont très-variables ; ainsi, dans l'assolement triennal, on fume tous les trois ans, tandis que dans l'assolement alterne on ne fume que par intervalles de cinq à six ans.

§ XVI. — *Des engrais liquides.*

Parmi les diverses substances qui peuvent servir à la fertilisation des terres, et qui méritent d'être recueillies avec soin et utilisées avec intelligence par le cultivateur laborieux, il faut comprendre les engrais liquides, connus sous les dénominations de *purin*, *eau de fumier*, *eau de lizée*. Par eau de lizée, on désigne plus spécialement l'urine des animaux qui s'écoule des étables ; le purin, ou eau de fumier, est un mélange d'eau et d'excréments animaux solides et liquides. Tout homme actif doit savoir mettre le plus grand soin à recueillir les dernières gouttes de ce précieux liquide, qui est pour les plantes une véritable soupe grasse. Celui qui laisse écouler inutilement cette substance mérite d'être placé dans la catégorie des paresseux. Pour recueillir l'eau de lizée, on établit dans les étables, ou immédiatement au dehors, des citernes ou des réservoirs dans lesquels ce liquide peut se rassembler. Les emplacements de fumier doivent également être accompagnés d'une fosse dans laquelle s'écoule le purin. L'agriculteur diligent ne négligera pas de porter dans ces bassins les eaux de lavage des cuisines, le fumier des lieux d'aisances, etc., afin d'augmenter considérablement la valeur de l'engrais liquide. L'eau de lizée et le purin, avant d'être employés sur les semailles ou le trèfle, doivent fermenter pendant cinq ou six semaines ; cette fermentation se reconnaît aux bulles qui se dégagent à la surface ; elle est terminée, c'est-à-dire le liquide est à point, lorsqu'il ne s'y montre plus ni bulles ni écume. Afin de hâter la fermentation et d'augmenter l'action de ces eaux, on y ajoute un demi-kilogr. de vitriol vert ou vitriol de fer (sulfate de fer) (1), pour une capacité de 12 à 15 hectolitres. On remue alors la masse tous les jours pendant une semaine, puis on la laisse en repos pendant un même laps de temps,

---

(1) On peut remplacer les 500 grammes de vitriol vert par 600 grammes de sel de Glauber, ou sulfate de soude, qui se trouve également à bon marché dans le commerce ; ou aussi par 180 grammes environ d'huile de vitriol ou acide sulforique du commerce.

après quoi elle est bonne à employer. Ces engrais liquides ne peuvent être mis immédiatement et sans fermentation préalable sur les plantes vertes, à cause de leur nature trop brûlante, qui nuirait aux végétaux. On ne peut les utiliser à l'état frais, c'est-à-dire avant la fermentation, que sur les terres en jachère, ou bien en les répandant en hiver sur la neige. Lorsque les bassins au purin sont remplis dans un moment où l'on ne peut conduire cet engrais aux champs, on le reverse sur le tas de fumier ou de compost. L'action de 40 hectolitres de purin ou d'eau de lizée équivaut à celle d'une voiture de fumier de 15 à 1,600 kilogrammes. Les fumures au purin conviennent spécialement aux choux, aux betteraves, aux carottes, aux navets, au lin, au chanvre, au colza, à l'avoine, de même qu'aux plantes fourragères et aux prairies. L'action des engrais liquides dure en moyenne une année. Il y a plusieurs manières d'effectuer le transport et d'appliquer ces engrais sur le sol. Les deux méthodes les plus communes sont : 1° celle qui est pratiquée dans la grande culture, et qui consiste à les répandre directement sur les terres au moyen d'un tonneau monté sur une charrette et dont le liquide s'échappe par une ouverture pratiquée à la base ; 2° celle qui est en usage dans les Flandres, et qui consiste à les déposer dans des cuvelles ou des tonneaux à portée des champs, pour les répandre ensuite à la main au moyen d'un instrument connu sous le nom vulgaire de *lousse à purler* ou *purloir*.

On peut faire figurer parmi les engrais liquides, qui exercent surtout une action fort efficace sur les prairies, les eaux qui ont servi au rouissage du lin et du chanvre.

§ XVII. — *Des engrais végétaux.*

Lorsque les matières végétales ne peuvent servir utilement à la nourriture du bétail, on les emploie avec avantage comme engrais.

Elles ont une action moins énergique, mais plus durable que celle des engrais animaux, et conviennent surtout aux sols légers et brûlants. Dans beaucoup de contrées, on sème des récoltes uniquement pour les enfouir et engraisser le sol; c'est ce que l'on appelle des *engrais verts*. Comme les plantes ne se nourrissent pas seulement du sol, mais en grande partie de l'atmosphère, il est évident qu'on fume la terre en lui rendant la récolte qu'elle a produite. Cette méthode est très-bonne pour les champs éloignés ou d'un accès difficile. Les plantes qui chez nous conviennent le mieux à cet objet sont les vesces, le trèfle et le colza, dans les bons terrains; le trèfle incarnat et blanc, le sarrasin et la spergule, dans les sols sablonneux. On sème plus dru qu'à l'ordinaire et on enfouit lorsque la récolte est en fleur.

On emploie aussi, sur les semailles déjà levées, les *germes d'orge* des brasseurs, à raison de 50 sacs par hectare, de même que la suie, qui est un des meilleurs engrais connus. Les cultivateurs qui demeurent auprès des villes ne doivent pas négliger de s'en procurer toutes les fois qu'ils le pourront. La suie, surtout lorsqu'elle est bien pulvérisée et mélangée avec un quart ou un tiers de cendres de bois, produit d'excellents effets sur toute espèce de récoltes et sur toute espèce de terre. Les cendres de bois contiennent de la potasse et quelques autres matières qui entrent dans la composition des plantes, et qui, par conséquent, servent à leur alimentation. La potasse se combine en outre avec l'humus contenu dans le sol, lui ôte ses mauvaises qualités lorsqu'il en a, et le rend propre à nourrir les végétaux. Aussi les cendres s'emploient-elles avantageusement dans les terrains non calcaires où se forme plus facilement de l'humus acide, surtout lorsqu'ils contiennent beaucoup de restes de végétaux, comme les défrichements de marais, de bois, de landes, de prés naturels et artificiels. On répand les cendres lorsqu'elles sont sèches et en même temps que la semence ou un peu avant, rarement après la semaille. On doit les peu recouvrir. Elles ont aussi de bons effets sur les prés suffisamment égouttés, sur les trèfles, les luzernes, etc. La quantité qu'on emploie varie de 12 à 80 hectolitres par hectare. Plus la terre est froide, plus il en faut. Les cendres employées comme amendement sont ordinairement lessivées. Les cendres neuves pourraient également servir au même usage, mais elles sont presque toujours réservées pour le blanchissage. Du reste, les cendres ne tiennent pas lieu de fumier, et pour maintenir la terre en bon état, il faut alterner leur emploi avec celui du fumier.

Les *tourteaux* ou *pains d'huile* sont un excellent engrais ; ils sont fréquemment employés dans les Flandres à cet usage ; mais il est à remarquer qu'il serait infiniment plus avantageux d'en nourrir le bétail et surtout les bêtes grasses qu'à en fumer directement les terres. En effet, les tourteaux sont composés en grande partie de carbone, de matières terreuses et de l'huile qu'on n'a pu extraire de la graine de lin ou de colza. Or, lorsqu'elles sont appliquées directement sur le sol, ces substances terreuses agissent sans doute avec beaucoup d'énergie, mais il n'en reste pas moins vrai que l'huile, dont on pourrait tirer de si grands avantages, se perd au détriment de l'économie animale. Tandis que si l'on employait les tourteaux à l'alimentation du bétail, celui-ci s'emparerait des matières grasses qui ne constituent pas, pour les terres, un engrais proprement dit, et rendrait dans ses déjections solides et liquides, à fort peu de chose près, toutes les substances terreuses contenues dans sa nourriture, précisément comme si l'on avait employé les tourteaux à saupoudrer le fumier ou à saturer les urines de bestiaux. Nous recommandons cet enseignement à la méditation des cultivateurs des Flandres et de la province de Hainaut : s'ils savent en profiter, il peut leur être doublement utile.

On peut encore ranger parmi les engrais végétaux les mauvaises herbes, le gazon, les chaumes de céréales, les fanes de pommes de terre, les débris de plantes commerciales, telles que houblon, tabac, chardon à foulon ; puis encore les feuilles d'arbre, les bruyères, les fougères, les roseaux, les genêts, la balayure des granges, etc. Toutefois, l'emploi de ces matières exige certaines précautions sans lesquelles on risquerait d'infester ses champs de mauvaises herbes. Ainsi, pour les balayures de granges, les mauvaises herbes, etc., il paraît plus avantageux d'en faire des composts pour fumer les prairies en couverture.

§ XVIII. — *Des engrais purement animaux.*

Dans cette catégorie on peut comprendre la poudre d'os, les cadavres des animaux, les chiffons de drap, les éclats de corne, les sabots des animaux, les poils, les plumes, les débris des tanneries et des fabriques de colle. Parmi toutes ces substances, la poudre d'os mérite surtout de fixer l'attention des cultivateurs. On a jusqu'ici recommandé d'écraser et de piler les os des animaux au moyen de moulins

disposés à cet effet; mais cette opération est trop
difficile et exige des appareils trop dispendieux pour
pouvoir être exécutée par la généralité des cultivateurs. Pour arriver à réduire économiquement cette
substance en poudre, on peut la calciner (brûler); on
parvient de la sorte à la pulvériser avec facilité et à
lui donner une action plus immédiate sur la végétation. La poudre d'os est d'autant plus active qu'elle
est plus fine; pour qu'elle agisse bien, il faut la recouvrir légèrement par un labour avant les semailles;
on peut aussi la mettre de manière qu'elle se trouve
à proximité des racines des plantes. Lorsqu'on sème
en lignes, on peut la donner à la terre au moyen du
semoir. Diverses expériences tendent à faire croire
que la poudre d'os exerce fort peu d'action sur les
terres humides et fortes, et qu'elle est plus profitable
aux sols secs et chauds. Au reste, il n'y a rien de précis
à cet égard dans la manière de voir des agronomes.
On évalue de 500 à 1,000 kilogr. la quantité nécessaire pour fumer une surface d'un hectare de terre;
il n'en faut que la moitié pour les semis en lignes,
ou lorsqu'on met cet engrais immédiatement en contact avec les graines d'ensemencement. Pour utiliser
comme engrais les animaux domestiques morts, on
commence par leur enlever la peau; puis, après
les avoir conduits dans un endroit écarté, on les couvre de chaux vive et de plusieurs charretées de terre.
Quelques semaines après la putréfaction, on en fait
un compost, qui est utile à presque toutes les récoltes.
Les animaux morts par suite de maladies conta-
gieuses doivent être enterrés profondément. Souvent
aussi, on enterre les petits animaux à côté des arbres;
cependant il est bon de ne pas trop les en appro-
cher.

Les chiffons de laine hachés et mêlés au fumier des

lieux d'aisances agissent avec beaucoup de force; l'action de cet engrais est surtout frappante sur les pommes de terre et sur la vigne. Avant d'employer les chiffons de laine, il convient de leur faire subir une fermentation pendant dix ou quinze jours, ce à quoi l'on parvient en en faisant des tas bien comprimés que l'on arrose de purin ou d'eau de lizée.

Dans quelques contrées on recueille soigneusement les sabots des animaux, afin de les enfouir dans les prairies assez profondément pour que le fauchage n'en soit pas entravé; on a remarqué qu'à l'entour de ces sabots enterrés, l'herbe croît pendant plusieurs années avec beaucoup de vigueur.

L'engrais que produisent les débris des tanneries et des fabriques de colle est également très-actif; il est surtout fort avantageux au houblon, aux pommes de terre et aux arbres fruitiers.

§ XIX. — *Des engrais minéraux ou amendements.*

Les substances qui servent principalement comme telles sont le plâtre ou gypse, la chaux, la marne, la terre, la vase des étangs, la boue des villes, et le plâtras des démolitions.

1° *Le plâtre* est employé calciné ou non calciné, après avoir été réduit en poudre fine dans des moulins à piler. Il est principalement destiné au trèfle et aux plantes analogues, de même qu'aux farineux, au colza, à l'avoine, au lin et aux prairies. On ne peut l'utiliser pour les farineux destinés à porter des graines, car ces plantes plâtrées poussent trop en feuilles; on a même observé que des pois récoltés sur un champ plâtré cuisent fort mal. Pour répandre le plâtre, on choisit de préférence un temps humide, et, si c'est possible, le moment où la rosée du matin n'est pas dissipée. On attend ordinairement, pour plâtrer le trèfle et les plantes fourragères, que ces végétaux aient atteint une hauteur de 5 à 6 centimètres, pour que le plâtre puisse s'attacher aux feuilles encore humides. Plusieurs agronomes entreprennent le plâtrage avant l'hiver; ils prétendent que dans ce cas le trèfle donné en fourrage vert est moins dangereux pour les animaux que lorsqu'on plâtre au printemps. Il est assez probable que cette opinion n'est que le résultat d'une manière vicieuse de donner le trèfle aux bestiaux. Sur les terrains bas, humides et froids, le plâtre n'agit guère avec efficacité; par contre, ses effets sont remarquables sur les terres médiocrement humides et chaudes, sur celles surtout qui ont encore un reste de force ancienne. La quantité de plâtre à employer sur le sol dépend en grande partie de sa qualité; on compte ordinairement qu'il faut pour un hectare de terre le double de plâtre de ce qu'il faudrait de graines si l'on voulait ensemencer le même terrain en seigle.

2° *La chaux* est employée de temps immémorial en Belgique, et son usage y est très-répandu. Cet amendement produit surtout des effets extraordinaires sur les terrains de bois défrichés, sur les bruyères et en général sur toutes les terres aigres contenant beaucoup d'humus acide, qui, par là, se trouve neutralisé et rendu soluble. Outre cela, la chaux contribue encore à la destruction des mousses, des mauvaises herbes, etc.; puis elle rend plus meubles les terres compactes, et plus consistantes les terres légères. On a prétendu que la chaux exerce une fâcheuse influence sur la texture des sols sablonneux et sur les plantes qui y croissent, mais c'est à tort. Les expériences qui ont été faites tout récemment sur différents points du pays ont prouvé qu'elle agit également avec beaucoup d'efficacité dans ces circonstances, et que l'opinion contraire doit être attribuée à ce qu'on l'a employée à doses exagérées et dans des terres qui ne renfermaient point des engrais en quantité suffisante.

Il y a plusieurs méthodes d'appliquer les amendements calcaires sur le sol; mais elles ne sont pas toutes également avantageuses. Il est toujours préférable d'utiliser la chaux pour la formation des composts, que de la répandre pure sur les terres, à moins toutefois qu'il ne s'agisse de chauler des sols acides ou renfermant des matières végétales en trop grande proportion. La confection des composts entraîne sans doute des frais plus considérables pour la main-d'œuvre, mais la perte que l'on éprouve de ce côté est plus que compensée par l'économie de chaux et les avantages incalculables qui résultent de ce procédé. Cependant, il arrive parfois que la rareté des bras est un obstacle à la pratique qui vient d'être recommandée; dans ce cas, on peut conduire la chaux directement sur le sol, en ayant soin de la déposer par petits tas que l'on recouvre de terre. Au bout de quelques jours, elle tombe en poussière; on la répand alors sur le sol en couche mince pour la recouvrir immédiatement par un hersage énergique ou par un labour superficiel. Il faut éviter de répandre la chaux délitée ou en poussière par un temps pluvieux, car ce serait risquer de la voir se combiner avec le sable de la terre pour former une espèce de mortier.

Le chaulage trouve son application aux semailles d'automne, ainsi qu'à l'avoine, aux vesces, au colza, au sainfoin, à la luzerne et aux différentes espèces de trèfle. Dans notre pays, on a l'habitude d'employer la chaux à fortes doses pour un grand nombre d'années; c'est là un procédé vicieux, qui occasionne souvent au cultivateur des pertes considérables. Il faut, autant que possible, renouveler les chaulages de manière à ne jamais employer à la fois plus de 50 à 60 hectolitres de chaux sur un hectare de terre (1).

La marne, considérée comme amendement, agit en rendant soluble l'ancien humus contenu dans le sol, en en neutralisant l'excès d'acide, en ameublissant le terrain argileux fort, et en contribuant à l'extirpation des mauvaises herbes. Toute terre qui possède une fertilité anciennement acquise est susceptible d'être marnée. Le marnage est de peu d'effet sur un sol calcaire. Lorsqu'on peut disposer de plusieurs espèces de marne, on destine la marne argileuse aux sols sablonneux, et l'on réserve la marne sablonneuse aux terres argileuses. La marne sablonneuse et calcaire est d'un excellent effet sur les prés marécageux. Que tous ceux qui peuvent se procurer de la marne sans trop de frais de transport ne manquent pas de se servir de ce moyen. Le marnage peut être entrepris à toute saison ; néanmoins on n'y procède ordinairement qu'aux époques, comme pendant l'hiver, où les autres travaux chôment. Après avoir été exposée à l'air pendant quelque temps, la marne tombe en poussière ; c'est alors qu'on la répand sur le champ, pour l'enfouir après quelques jours par un labour superficiel. La quantité de marne nécessaire pour amender une surface de terre donnée dépend de la qualité de la substance employée, ainsi que de la nature du sol sur lequel on veut l'appliquer. On en donne ordinairement 10 à 40 voitures à quatre chevaux par

---

(1) Le chaulage du sol est une opération très-importante, qui est encore négligée ou mal comprise dans beaucoup de localités de la Belgique. Nous nous serions fait un devoir d'entrer dans de nombreux détails à ce sujet si, par suite des sages dispositions prises par le gouvernement en faveur de l'agriculture, nous ne possédions un Traité récemment publié sur la matière.

hectare. Les effets de cet amendement varient suivant la nature et la quantité de la marne employée, et suivant l'espèce de terrain qui l'a reçue. C'est ainsi que son action est plus durable sur la terre argileuse que sur la terre sablonneuse. Souvent le marnage se fait sentir pendant vingt à trente ans ; mais pour en tirer un avantage réel, il est nécessaire d'y revenir de temps en temps avec une fumure. Dès que la marne cesse de produire son action dans un terrain, il faut la renouveler. Le marnage est surtout avantageux à l'avoine, à l'orge, au froment, à l'épeautre, aux pois, au colza, aux trèfles, aux graminées ou herbages, aux navets et au seigle ; outre cela, il est encore très-utile à la vigne. On se sert également de la marne pour la fabrication des composts.

La terre peut encore être considérée comme un amendement capable de rendre des services. Ceux qui peuvent disposer d'une certaine quantité de terre fertile pour la placer sur le sol cultivable ne doivent pas la dédaigner pour l'amélioration de leur culture. Néanmoins, avant d'entreprendre cette opération, il faut calculer si les frais ne dépassent pas les bénéfices que l'on peut en retirer. Les transports de terre ne doivent s'effectuer que pendant la saison morte, ou enfin lorsque les autres travaux chôment ; c'est en utilisant pour un travail convenable tous les moments de l'année, que se distingue le cultivateur actif et intelligent. On peut se procurer par différents moyens la terre destinée à cet usage :

1° On en trouve sur les bords des champs où elle s'accumule ordinairement par les labours et les hersages.

2° Le laboureur attentif a soin d'établir, au bas des champs en pente, des fossés dans lesquels la terre, entraînée des parties supérieures par les pluies, vient se rassembler. Tous les ans on vide ces fossés ;

on en expose la terre aux froids de l'hiver, puis on la conduit sur les champs.

3° On en trouve également en creusant les fossés, et en enlevant le gazon des chemins et des routes.

4° La vase des étangs, lorsqu'elle renferme beaucoup de matières propres à servir d'engrais, est un excellent amendement pour les prairies, mais il faut la tirer en automne, l'exposer au froid pendant l'hiver, et la mélanger d'une certaine quantité de chaux afin de détruire son acidité.

5° La boue des villes, mélangée avec beaucoup de matières animales, est un engrais très-utile à presque toutes les plantes; il ne faut jamais négliger de s'en procurer lorsqu'on en a l'occasion.

6° Le plâtras des démolitions, surtout celui qui provient de vieux murs en torchis, agit avec beaucoup de force. Le plâtras de mortier peut convenir spécialement pour améliorer les terres humides.

§ XX. — *Du compost.*

Le *compost* est un engrais composé de différentes matières; on pourrait aussi le nommer *engrais mixte*. Il est préparé avec un mélange de substances du règne animal et du règne végétal ajouté à des matières terreuses. On peut, par cette préparation, augmenter considérablement la provision d'engrais d'une exploitation; néanmoins, avant de charrier de la terre pour cet usage, il faut bien établir son calcul pour ne pas s'exposer à obtenir un engrais plus coûteux que le fumier ordinaire. Il sera toujours avantageux, en tout cas, d'exécuter pendant la saison morte les charriages et les travaux nécessaires à la production de cet engrais. Pour faire le compost, on emploie tout ce qui ne peut pas convenir à la composition du fumier ordinaire, par exemple, tous les

déchets des granges, les balayures, les mauvaises
herbes, l'engrais humain, la colombine, les animaux
morts, le gazon, la terre obtenue par le creusement
des fossés, la vase d'étang, la chaux, la marne, le
plâtras de démolitions et la boue des villes. On fait les
tas de composts de forme carrée d'un ou deux mètres
de haut, en mettant alternativement une couche de
ces substances et une couche de résidu de fumier, et
en arrosant le tout avec du purin ; il faut faire en
sorte qu'une couche de fumier vienne chaque fois
après une couche de terre ou de gazon. Durant l'été,
il est nécessaire de remanier ces tas deux ou trois
fois pour que le tout se mélange bien, et de l'arroser
de purin après chaque remaniement. Le compost convient particulièrement aux prairies, aux tréflières,
aux luzernières et aux arbres fruitiers. Lorsqu'il est
privé de graines de mauvaises herbes, on peut aussi
l'employer sur les terres arables, là où les jeunes
plantes sont faibles, et particulièrement en couverture sur les céréales d'automne. Pour conduire le
compost sur les prés, on choisit un temps favorable en
janvier et février; on le dispose par petits tas que l'on
répand en mars. Les fumures au compost agissent
souvent sur les prairies pendant deux ou trois ans ;
elles ont surtout pour effet de détruire les mousses,
de favoriser la croissance des bonnes plantes et de
donner beaucoup de force au gazon. La préparation
du compost mérite plus d'attention qu'on ne lui en
consacre ordinairement. Beaucoup de prairies trouveraient là un excellent engrais, et le fumier d'étable
pourrait toujours être destiné aux champs. La boue
et les immondices qui encombrent les rues des villa-
ges pourraient facilement servir à la préparation du
compost. Que MM. les bourgmestres qui tiennent à la
propreté et à la salubrité de leurs communes tour-

nent leur attention vers cet objet, ils y trouveront le moyen de réunir l'utile à l'agréable.

Comme occupation utile, surtout pour les enfants pauvres qui souvent en été passent une partie de la journée dans l'oisiveté, nous recommandons de recueillir sur les routes les excréments solides du gros bétail, des chevaux et des moutons ; en y ajoutant divers décombres et de la poussière des routes, ils peuvent établir des tas de composts d'une vente toujours sûre. Un pareil travail, qui ordinairement ne répugne pas aux enfants, leur procure une occupation convenable, les détourne des suites nuisibles de l'oisiveté, et il en résulte une plus grande somme de bien-être pour tous.

On ne peut trop recommander à tous les cultivateurs de ne négliger aucun moyen propre à augmenter la masse de leurs engrais, car ils sont, il ne faut pas l'oublier, la base de la production, et tous les travaux qu'on entreprend dans ce but sont toujours payés avec usure.

CHAPITRE III.

DES DÉFRICHEMENTS.

—

INTRODUCTION.

Parmi les terrains susceptibles d'être livrés à la production, il en est beaucoup qui sont loin d'avoir le degré de fertilité qu'ils pourraient acquérir par des opérations bien entendues ; cela tient à ce que divers obstacles, suscités par la nature même, viennent souvent en entraver la culture.

Éloigner ces obstacles, convertir en terrain productif une terre inculte ou peu utilisée par la nature, tel est le but de l'art des défrichements.

Le défrichement des terres est un point important de l'économie agricole, et les capitaux engagés dans cette opération sont susceptibles de produire de beaux intérêts. Mais avant d'entreprendre un défrichement, il faut beaucoup réfléchir et en peser mûrement toutes les conséquences. Les points suivants sont principalement à prendre en considération ; il faut savoir :

1° Si le capital employé peut produire ou non ses intérêts en temps utile ;

2° Si l'entreprise ne dépasse pas les forces de l'entrepreneur ;

3° Si, pendant l'exécution, des obstacles imprévus ne peuvent surgir et entraver l'achèvement des travaux ;

4° Puis, il faut bien examiner la nature des terres à défricher, afin de savoir comment on les utilisera pour en tirer le parti le plus avantageux.

L'accroissement rapide de la population et la misère des classes pauvres sont de nature à éveiller toute la sollicitude des administrations placées à la tête des communes qui possèdent des terrains incultes. Par un système de défrichement bien conçu, ces terres seront susceptibles de produire des arbres fruitiers, des peupliers, des acacias, etc., ou des plantes agricoles, telles que pommes de terre, etc. Quel bien ne pourrait-on pas faire en les fécondant par le travail de l'homme, en les utilisant pour augmenter la production et pour assurer un peu de pain à ceux qui en manquent ! Par là, on parviendrait à paralyser les suites funestes de l'oisiveté, source de tous les vices ; on y trouverait les moyens d'améliorer l'état économique et moral des communes en augmentant le bien-être des habitants.

§ XXI. — *Desséchement et assainissement des terres.*

Un excès d'humidité nuit beaucoup aux productions de la terre ; elle influe autant sur la quantité que sur la qualité des produits. L'assainissement est donc un point capital d'amélioration des terres trop humides ; par ce moyen, on peut pousser à un haut degré de fertilité un sol considéré comme stérile, et en augmenter considérablement la valeur en peu de temps.

Pour entreprendre un desséchement avec des chances certaines de succès, il faut d'abord s'enquérir de la cause et de l'origine de l'excès d'humidité, pour savoir s'il n'y a pas possibilité d'intercepter l'eau par des fossés pratiqués à cet effet.

Quand on veut mettre une terre à sec, il est important d'abord d'en déterminer la pente, d'examiner la différence de niveau qui existe entre deux points donnés. Ceux qui n'ont pas les connaissances nécessaires à cette opération feront bien de s'adresser à un arpenteur, plutôt que de faire les choses au hasard.

Plusieurs circonstances peuvent faire qu'un terrain soit marécageux ; les moyens pour y porter remède doivent être choisis d'après chaque cas spécial. Nous allons énumérer les différentes méthodes de desséchement applicables aux principaux cas qui peuvent se présenter.

1° Les parties humides, qui se montrent quelquefois aux penchants des montagnes, proviennent ordinairement de nappes d'eau souterraines, qui, rencontrant une couche de terre imperméable, s'y accumulent, et, agissant par la pression, finissent par percer le terrain pour venir à jour. Dans ce cas, on déblaye ces sources par un creusement ; on rassemble les eaux dans une tranchée, et on leur donne issue par un fossé d'écoulement.

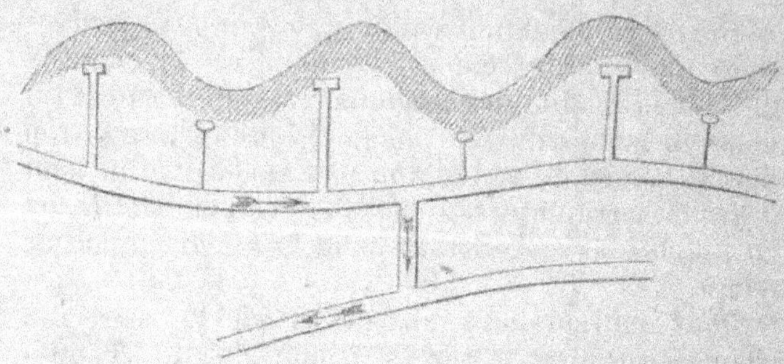

2° Un marais en plaine, provenant d'une couche de terre imperméable et qui repose sur une couche perméable et meuble, peut être assaini par des forages, pratiqués de distance en distance, par lesquels on perce la couche imperméable, de manière que les eaux puissent se perdre dans la couche inférieure qui leur livre passage. Ce sont des *boitouts artificiels* ou *puisards*.

3° Pour utiliser un marais en plaine, qui ne repose pas sur un sous-sol pénétrable par l'eau, on a recours à l'établissement de planches bombées ou billons élevés.

4° Lorsqu'on a affaire à un terrain argileux, privé de sources, et dont la pente est très-faible, on établit des planches de 4, 6, 8 ou 10 sillons de largeur; c'est le meilleur moyen pour écarter les eaux de pluie en excès.

5° Pour dessécher un terrain très-marécageux dans lequel l'eau ne trouve aucune issue, et dont le sous-sol est formé par une couche d'argile que l'eau ne peut percer, on pratique, dans l'endroit le plus bas, des tranchées ouvertes ayant une certaine profondeur, ou bien on établit un étang dans lequel les eaux viennent se rassembler.

6° Dans les pays montagneux, il arrive fort souvent que l'eau, ne rencontrant aux flancs des montagnes que des couches de terre absolument imperméables, descend sous terre jusqu'au fond des vallées, où elle vient à jour pour donner naissance à des marais. Dans ce cas, on établit le long du pied de la montagne un fossé d'un développement déterminé, qui sert d'écoulement à ces eaux.

7° Le terrain absolument plat, qui ne présente aucun point d'écoulement à l'eau, peut être assaini jusqu'à un certain point, en remblayant les bas-fonds avec de la terre et en creusant des tranchées larges et multipliées.

8° Pour mettre à sec des marais, des étangs et des lacs, il faut d'abord voir si l'on trouve la pente nécessaire pour faire écouler l'eau. Cette condition remplie, il est nécessaire d'abord de rassembler dans un fossé, comme dans la figure suivante, toutes les sources provenant des hauteurs voisines qui se dirigent de ce côté, afin de les détourner ; puis on établit dans le marais, l'étang ou le lac, un réseau de tranchées qui aboutissent à un fossé principal.

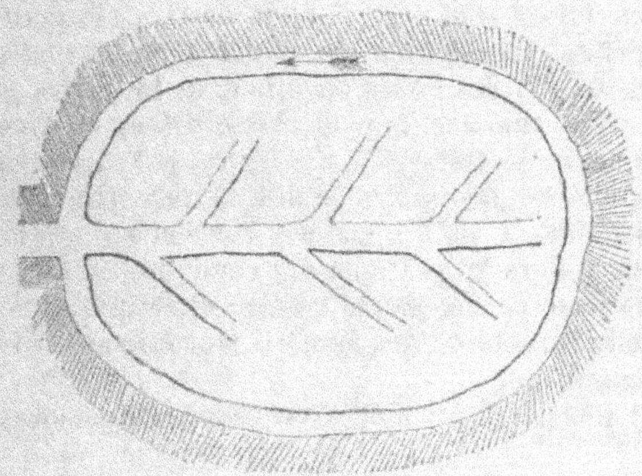

Lorsque, après le desséchement, ces terres restent encore un peu humides, on les utilise en prairies. Elles sont également avantageuses pour établir des oseraies. Les plantes qui prospèrent bien dans ces fonds desséchés sont les betteraves, les choux, les navets, les féveroles, le chanvre, dont le fil devient un peu gros ; puis les vesces, pour être fauchées en vert ; et dans les contrées un peu chaudes, on peut également y faire des récoltes en millet, en maïs et en tabac. Elles ne conviennent ni aux semailles d'automne, ni aux céréales : les premières craignent trop les gelées dans ce terrain meuble ; il est en même temps trop riche pour les secondes, qui y sont très-exposées à verser.

9° Quant aux terrains sur lesquels l'assainissement est absolument impraticable ou accompagné de trop grands frais, il n'y a autre chose à faire que de planter des essences ligneuses convenables, telles que le frêne, l'aune, le peuplier, les saules.

§ XXII. — *Règles à observer pour l'établissement des fossés ouverts et des fossés couverts.*

Les fossés sont *ouverts* ou *couverts* ; ces derniers s'appellent encore *tranchées souterraines* ou *coulisses.*

On se sert des fossés ouverts dans les terres où il faut agir sur une grande masse d'eau, et lorsque cette sorte de tranchées n'entrave pas l'exploitation. Lorsqu'il est nécessaire de descendre à une certaine profondeur, et qu'il n'y a pas beaucoup d'eau à détourner, alors on pratique des coulisses, en tant que celles-ci ne gênent pas la culture ultérieure.

Pour l'exécution des fossés il faut être attentif aux règles suivantes :

1° Chaque fossé doit avoir une pente suffisante

pour que l'eau puisse s'écouler jusqu'au fond. Sur un cours de 3 à 4 mètres on donne au moins un centimètre de pente. Lorsque le fossé a une longueur plus considérable, on ménage une pente de 3 à 6 centimètres sur trois mètres. Dans un terrain meuble, il faut éviter une pente trop rapide, sans cela l'eau creuse trop le fond et les talus; dans ce cas, la tranchée doit traverser la superficie en sens transversal, ou être dirigée en forme de serpent.

2° La largeur et la profondeur des fossés doivent être calculées d'après le maximum de la quantité d'eau à faire écouler.

3° Veut-on donner à un fossé des talus bien conditionnés, on commence par creuser en ligne verticale comme l'indique cette figure

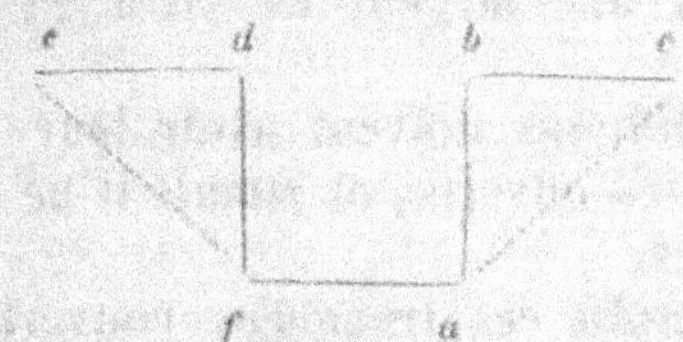

Si par exemple, la profondeur $a\,b$ est de 0^{m}60, on mesure encore 0^{m}60 de b à c, et l'on coupe toute la terre qui forme l'angle $a\,b\,c$: l'on procède de même du côté opposé d, et l'on obtient le talus $c\,a\,f\,e$.

Pour mettre les ouvriers peu experts à même d'exécuter le travail avec plus d'exactitude, on met à leur disposition un instrument, appelé *profil*, confectionné avec quatre lattes suivant cette figure.

4° La terre tirée du fossé doit être éloignée des

bords pour que la pluie ne puisse l'y entraîner de nouveau.

5° L'établissement des tranchées couvertes, ou coulisses, revient plus cher que celui des fossés ouverts, il est vrai ; mais ce surcroît de frais se trouve souvent au bout d'un an ou deux par les avantages qu'elles présentent. Il ne faut jamais les établir dans le sens de la pente d'une montagne ; ces coulisses doivent au contraire couper cette pente dans leur ligne transversale pour que la chute n'en devienne pas trop rapide.

6° Leur longueur ne doit pas être trop considérable, tout au plus de 70 à 100 mètres, car il arrive trop souvent qu'elles se bouchent. On leur donne ordinairement une profondeur de 70 centimètres à 1 mètre, sur une largeur de 16 à 21 centimètres au fond.

7° Les coulisses doivent avoir leur embouchure dans des fossés ouverts, et jamais il ne faut croiser deux coulisses.

8° On remplit ces tranchées couvertes avec des pierres, les plus grosses en bas et les plus petites en

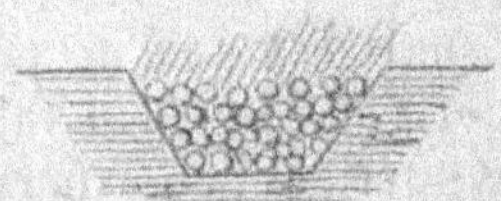

haut. Si l'on peut disposer de dalles, on les pose en biais contre le talus du fossé, ou en forme de toit, ou

aussi d'aplomb l'une vis-à-vis de l'autre de manière

que l'eau puisse couler dans les creux qu'elles forment.

Les tuiles creuses peuvent également être utiles; on dalle le fond et on y pose les tuiles creuses.

A défaut de pierres, on a recours à des fascines de bois vert, d'aunes ou de saules. Les pierres ou les fascines employées sont alors garnies d'une couche de bruyère, de mousse, de joncs, de paille, ou de gazon, etc., afin de donner un point d'appui à la terre que l'on emploie pour recouvrir le tout : une coulisse bien conditionnée peut quelquefois durer de quinze à vingt ans avant de se boucher.

9° Depuis quelques mois on fabrique à Andennes, province de Namur, au moyen d'une machine construite en Angleterre, des tuyaux en terre cuite servant à la construction des fossés couverts pour le drainage. Ces tuyaux se disposent de telle sorte qu'il n'est point nécessaire de combler avec des cailloux comme pour les tuiles, et ils ont l'avantage de ne pas s'obstruer. Ils se posent bout à bout, et ils sont reliés entre eux par des tuyaux plus larges qui

les entourent comme une bague. L'humidité pénètre

dans ce canal par les points de jonction. Il ont 0^m36 de longueur, 0^m06 de diamètre intérieur, et se vendent 17 francs les 300 mètres (1).

§ XXIII. — *Défrichement des forêts.*

Cette opération a également besoin d'être précédée de la question de savoir si le bénéfice à espérer peut se trouver en proportion convenable avec les frais; si le terrain est susceptible de présenter des chances d'avenir à la culture des céréales et des fourrages.

Il y a encore une autre question très-importante à prendre en considération, c'est d'examiner si, en essouchant une forêt, l'on ne porte pas préjudice aux terres avoisinantes, en les privant d'un abri bienfaisant. Ces questions résolues à l'avantage du défrichement, on aura encore à observer pour l'exécution ce qui suit :

1° Il est plus facile d'extraire les arbres avec leurs souches sans les abattre d'abord; lorsqu'on commence par couper les troncs, l'arrachement des souches présente plus de difficultés.

2° Pendant l'opération du défrichement, il ne faut jamais oublier d'éloigner toutes les grosses pierres en les transportant sur la lisière.

3° Avant de mettre en culture un sol forestier, il faut lui donner beaucoup de labours.

4° Il faut avoir soin de bien choisir les plantes à y cultiver; les plantes sarclées sont les plus convenables, et notamment les pommes de terre, auxquelles on peut faire succéder l'avoine, le seigle et le sarrasin. Après plusieurs années de culture, on peut y

---

(1) Un traité spécial sur le drainage des Anglais sera bientôt publié, et fera partie de la Bibliothèque rurale.

semer du lin, et un sol profond peut encore produire du colza, des betteraves et des pois.

5° Il ne faut pas oublier de donner une fumure à un sol forestier en culture depuis plusieurs années, car dans ce cas, comme partout en agriculture, il est de règle de ne pas épuiser complétement le sol avant de l'amender de nouveau. En fait d'amendements, ceux qui conviennent le mieux à cette espèce de terrain sont la chaux et la marne, qui rendent l'humus soluble, et qui détruisent l'acidité du sol. On pourrait également employer avec avantage les cendres lessivées et les résidus des lessives de savonniers.

6° Quelquefois aussi on laisse les souches, et l'on ensemence le terrain avec des céréales et des plantes fourragères convenables, pour n'essoucher qu'après plusieurs années; alors seulement on donne une fumure, et l'on convertit le tout en terre arable.

7° Dans les montagnes élevées, on pratique surtout le défrichement par le feu. Tous les huit ou dix ans, on coupe, en hiver, toutes les broussailles qui poussent sur les penchants rapides de ces montagnes; on les répand autant que possible sur toute la surface; puis en juillet ou au mois d'août, lorsqu'il fait un peu de vent, on y met le feu en commençant par la partie supérieure. On a de longs crochets avec lesquels on attire vers le bas le bois déjà en flammes, jusqu'à ce que l'incendie soit devenu général dans toutes les broussailles coupées. Lorsque toute la broussaille et le gazon sont détruits, on donne un houage à la main, puis on fait un semis de seigle suivi d'avoine; ordinairement ces céréales réussissent bien dans ce sol.

§ XXIV. — *Défrichement des terrains vagues et enherbés, des pâturages et des friches.*

Dans une situation convenable, ces sortes de terres, lorsqu'elles ne pèchent pas par un excès d'humidité et d'acidité, sont rompues avec beaucoup d'avantages. Après avoir éloigné les broussailles qui peuvent s'y trouver, on cherche à donner deux labours avant l'hiver, et l'on abandonne cette terre novale à l'influence des gelées. Au printemps, on donne un bon hersage, et l'on sème de l'avoine ou l'on plante des pommes de terre.

Un terrain fort et tenace qui, sous un climat humide, renferme beaucoup d'humidité et d'acidité, a besoin avant tout d'être assaini. Après cette opération, on enlève la croûte du gazon en couches minces, on la fait sécher au soleil, on en fait des tas avec des broutilles pour brûler le tout; on répand les cendres obtenues, et l'on couvre à la herse.

Pendant l'été, on peut utiliser ces terres par des plantations de pommes de terre, de sarrasin, de navets et d'avoine. Comme semaille d'automne, on peut choisir le seigle.

§ XXV. — *Défrichemement des bruyères, des terres sableuses.*

La terre qui se couvre d'une végétation abondante de bruyères est ordinairement une terre médiocre. Une couche épaisse de ces plantes, accompagnées de mousse, etc., nécessite l'emploi du feu, surtout lorsque l'exposition et le climat rendent le sol un peu humide; les cendres doivent être enfouies au moyen d'un léger hersage. Lorsque la quantité de bruyères est moins considérable, on se borne à donner un labour au commencement de l'été et un second labour plus profond avant l'hiver. Au printemps on sème de l'avoine avec du trèfle et des graminées, et l'on abandonne le terrain au parcours; mais si l'on trouve que la terre n'est pas encore suffisamment préparée, on fait précéder l'avoine d'une plantation de pommes de terre. La culture d'un sable nu, dépourvu de végétation, doit être commencée par un enfouissement de plantes vertes. En été, on rompt la surface du sol; on donne un labour profond à l'automne; au mois de mai, on sème de la spergule ou du lupin, et lorsque ces plantes ont atteint une hauteur convenable, on les enfouit par un labour. S'il reste assez de temps, on peut répéter cette pratique, en substituant, si l'on veut, le sarrasin à la spergule ou au lupin. Au printemps suivant, on ensemence de seigle d'été, de trèfle et de graminées cette terre, dont on fait un pâturage.

On procède encore au défrichement des bruyères par des semis ou des plantations de sapins, de pins et de mélèzes; mais il est toujours utile de défoncer le sol préalablement, soit à la bêche, soit à la charrue, et de l'égoutter convenablement s'il est trop humide. L'irrigation peut jouer un grand rôle sur ces terres quand elle est possible, autrement la création des prairies est coûteuse.

Dans les hautes montagnes, on procède au défrichement des bruyères par une plantation de genêt à balai. Après un labour convenable, on sème le genêt, on le laisse croître pendant environ deux ans, puis on le renverse dans les sillons, et l'on recouvre par un bon labour. Cette opération est suivie d'une semaille d'avoine, de seigle, ou bien d'une plantation de pommes de terre.

Une pratique qui donne d'excellents résultats pour mettre les landes de bruyères en culture, et qui est suivie dans beaucoup de contrées, c'est le chaulage ou le marnage. Après un labour de 10 à 12 centimètres de profondeur, on répand la chaux ou la marne, puis on en opère le mélange avec la couche arable par des hersages multipliés et des labours superficiels; l'on sème du seigle ou de l'avoine, qui peuvent être suivis de blé, de colza, de trèfle, de haricots, etc.

§ XXVI. — *Défrichement des terres marécageuses et tourbeuses.*

La première chose à faire, c'est d'en opérer le desséchement, après quoi on a recours à l'écobuage. A cet effet, on enlève la couche supérieure du gazon que l'on sèche, pour en faire des tas, avec des ramilles qu'on allume par un temps sec. Les cendres, répandues à la surface, sont recouvertes par un léger hersage. Si l'on peut trouver de la marne ou de la terre sableuse à proximité, on aura un moyen pour améliorer considérablement ces sortes de terres.

Un sol tourbeux et marécageux, riche en terre, peut être amélioré, sans écobuage, en mélangeant la croûte supérieure avec de la chaux vive et de la terre apportée pour cet usage; après avoir abandonné le tout pendant six mois, on le répand sur la surface du sol à mettre en culture.

Ces terrains peuvent produire du sarrasin, de l'avoine, de la navette de printemps, des navets, des pommes de terre. Il n'est pas convenable d'y mettre dès le commencement des cultures d'automne. Il sera toujours utile de ne pas tarder à donner du fumier à ces sols légers et meubles.

Le meilleur parti à tirer des terrains marécageux

et tourbeux sera toujours de les convertir en prairies, surtout lorsqu'il y a possibilité d'arroser de temps en temps. Pour atteindre ce but, on commence par préparer le sol au moyen de l'écobuage, du chaulage, du marnage et d'un labour léger ; on continue de labourer pendant plusieurs années, et l'on sème du sarrasin ou du lupin que l'en enterre en vert. Après cette préparation, on ensemence le terrain au printemps avec les graines suivantes : ray-grass français ou fromental, houque, brome mou, fléole des prés, agrostis traçant, dactyle, trèfle de Hollande, lupuline.

§ XXVII. — *De l'écobuage.*

L'écobuage est usité dans beaucoup de pays depuis un temps immémorial. Cette pratique est applicable aux terrains marécageux et tourbeux, recouverts de beaucoup d'herbes et entrelacés de beaucoup de racines, de même qu'aux bruyères.

Les sols argileux forts s'en trouvent améliorés en perdant de leur ténacité ainsi que de leur excès d'eau, ce qui les rend plus faciles à façonner ; les cendres qui sont le produit de cette combustion absorbent l'acidité de la terre, ce qui fait disparaître les plantes aigres, de même que les vers, les limaces et les vers blancs. L'écobuage ne convient pas aussi bien aux terres sablonneuses et sèches. Sur un sol à surface unie, qui ne renferme ni grosses pierres, ni racines d'arbres, le découpage de la croûte peut se faire avec une bonne charrue, par exemple avec la charrue du Brabant, qui convient le mieux ; sur un sol inégal on se sert d'une houe ou d'une écobue pour enlever les plaques de gazon, auxquelles on donne une épaisseur de 4 à 6 centimètres. Le gazon doit être enlevé autant que possible au commencement du printemps pour qu'il sèche plus facilement en été. Les bandes de terre, obtenues par l'écobuage à la charrue, doivent être découpées à une longueur d'un demi-mètre ; les plaques de gazon sèchent mieux et plus vite lorsqu'on les dispose en cône. Après dessiccation complète, on passe au brûlis ; à cet effet, on place le gazon en tas oblongs et creux, ayant un mètre de hauteur et de largeur, comme l'indique la figure ci-dessous ; au bas du tas on ménage un petit soupirail tourné vers le vent ;

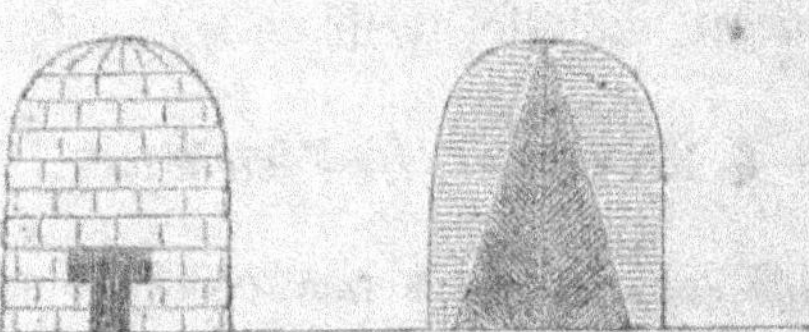

l'intérieur est rempli de broutilles, de bruyères, d'épines, de paille, de colza, etc., et on allume en bas avec de la paille. Il faut que l'opération soit surveillée par quelqu'un qui bouche aussitôt avec du gazon les échappées par lesquelles le feu peut chercher à se faire une issue. Après que le tout est brûlé, on ramasse les morceaux de gazon épars çà et là, et on les met sur les cendres incandescentes ; puis on répand les cendres en couche mince sur toute la surface, et on les recouvre par un hersage ou un labour superficiel. Il ne faut pas laisser de cendres à la place même où s'est fait le brûlis, car les blés qu'on y sèmerait tendraient à verser.

CHAPITRE IV.

TRAVAUX ET INSTRUMENTS DE CULTURE.

—

INTRODUCTION.

Les principes sur lesquels reposent la construction et l'emploi des instruments et machines à l'usage de l'agriculture sont l'objet d'une science à part, connue sous le nom de *mécanique agricole*. Cette branche importante de la science ne peut être traitée accessoirement comme division de l'économie rurale. Nous nous bornerons donc ici à décrire les principales conditions que doivent remplir les instruments les plus indispensables à la culture du sol, en parlant des opérations dans lesquelles ces instruments sont employés.

§ XXVIII. — *Des labours et de la charrue..*

Les cultures que l'on est obligé de donner aux terres pour chaque récolte constituent les travaux les plus importants et les plus fréquents du cultivateur. Par ces cultures on a en vue :

1° D'ameublir le sol, afin que les racines puissent s'y étendre pour y chercher la nourriture, et que l'air, l'humidité et la chaleur puissent y pénétrer et le fertiliser :

2° De détruire les mauvaises herbes ;

3° De donner à la surface une forme convenable ;

4° Enfin, elles servent pour recouvrir la semence et enfouir le fumier. On exécute ces diverses opérations au moyen de différents instruments.

Le labour est la plus importante de toutes les cultures. Par le labour, on retourne la terre et on ramène en dessus le sol du dessous. Il y a, dans le labour, à considérer la profondeur, la largeur de la raie et la forme à donner à la surface.

1° Selon les circonstances, le labour est plus ou moins profond. Après une céréale, le premier labour, qu'on nomme le *déchaumage*, n'a que deux ou trois pouces de profondeur, à moins que ce ne soit le seul qu'on donne avant une nouvelle semaille ou avant l'hiver. Il en est de même de celui par lequel on enfouit des engrais, des amendements ou des semences. Le second labour se donne, au contraire, presque toujours profond de six à dix pouces ; le troisième l'est moins, car on tâche de ne jamais donner deux labours de suite à égale profondeur. Le dernier labour, avant la semaille, doit être profond, surtout lorsque c'est pour une plante dont les racines s'enfoncent assez avant, comme la luzerne, les betteraves. Dans chaque localité, on connaît assez bien les règles à suivre sous ce rapport ; mais presque partout on craint d'approfondir le sol arable, et on n'apprécie pas assez les avantages qui en résultent. Dans toutes les contrées bien cultivées où la roche n'oppose pas un obstacle invincible, on laboure à neuf ou dix pouces de profondeur au moins, quel que soit le terrain. Une terre profondément cultivée est tellement avantageuse, qu'un bon cultivateur doit chercher par tous les moyens à approfondir la sienne. Pour exécuter cette opération sans nuire au terrain dans les premières années, on peut, comme cela se pratique dans plusieurs de nos provinces, et notamment en Brabant, faire passer derrière la charrue, dans la même raie, une seconde charrue dépourvue d'oreille, et qui ne fait qu'ameublir le fond sans le ramener en dessus. Cette dernière opération ne s'effectue que l'année suivante, après que cette terre du fond a eu le temps de mûrir. Un labour profond se nomme *défoncement*. Il pénètre jusqu'à quinze et dix-huit pouces de profondeur. Cette culture se donne ordinairement à la bêche, mais elle peut aussi s'effectuer au moyen de deux charrues qui marchent l'une derrière l'autre dans la même raie. La première prend sept à huit pouces; la seconde prend dans le fond de la raie une bande de cinq à sept pouces d'épaisseur et la renverse sur la première bande. La seconde charrue est parfois remplacée par des hommes munis de bêches. Cette méthode de défoncement se nomme *rayoler* dans les Flandres, où elle est très-usitée. Elle pourrait également être mise en pratique avec avantage dans beaucoup d'autres contrées ; mais elle exige un sous-sol de fort bonne nature, ou préalablement remué comme il vient d'être dit. Il est du reste facile de s'assurer de la nature du sous-sol en examinant les bords des fossés et autres lieux où l'on a déposé de la terre extraite du fond. Si cette terre ne tarde pac à se couvrir de plantes, elle est bonne et peut être ramenée en dessus sans aucun risque.

2° *La largeur* de la raie ne doit jamais excéder celle du soc; elle se règle aussi sur la profondeur du labour; une tranche fort large et mince se renverse à plat; une tranche au contraire étroite et épaisse reste debout ; dans les deux cas, le labour est défectueux. Pour que la bande se renverse à moitié, c'est-à-dire sous un angle de 40 à 50 degrés, qui est la meilleure position, il faut que son épaisseur soit à sa largeur à peu près comme 5 ou 6 est à 8. Ainsi, on ne donnera que 6 à 7 pouces de largeur à une bande de 3 à 4 pouces d'épaisseur, et 8 à 10 pouces de largeur à une bande de 6 à 8 pouces d'épaisseur.

Les cultivateurs sont en général très-disposés à donner beaucoup de largeur et peu d'épaisseur à la tranche de terre ; ils font ainsi plus de besogne, et le labour est en apparence plus propre ; mais la terre n'est pas aussi bien remuée, et offre moins de surface à l'action de l'atmosphère et à celle de la herse que lorsque les bandes, ayant la proportion de largeur et d'épaisseur indiquée, se trouvent par ce fait renversées à moitié. Le labour à larges raies est surtout défectueux lorsque le soc est étroit.

3° *Forme du labour.* Selon la charrue qu'on emploie, on peut mettre le terrain à plat ou le diviser en *billons* (planches, ados). Cette dernière méthode, usitée dans la plupart des contrées flamandes, est la meilleure, surtout pour les terres fortes, pourvu toutefois que les billons soient bien faits. On leur donne diverses formes : dans les terrains secs, on les fait plats et larges de 30 à 40 pieds ; dans les terres humides et fortes, on ne leur donne que 4 à 8 pieds de largeur et on les fait en ados, c'est-à-dire légèrement bombés. Ces ados doivent être en formes de voûtes avec une raie bien évidée de chaque côté, comme l'indique la figure suivante, et non en forme de toit,

comme cela se pratique dans certains endroits. On leur donne très-peu de hauteur au milieu afin de pouvoir tirer facilement des rigoles en travers avec la charrue, lorsque c'est nécessaire pour l'égouttement, et afin qu'en *refendant,* les nouveaux billons soient également bombés. Le sommet du billon ne doit jamais avoir plus de 10 à 12 pouces de hauteur au-dessus du fond de la raie, et, à cet effet, on ne doit jamais *endosser* deux fois de suite.

Dans ces billons larges, très-élevés au milieu et en forme de toit, un quart et parfois un tiers du terrain est presque toujours noyé en hiver.

La direction des billons n'est pas indifférente. On les dirige dans le sens de la pente quand celle-ci est douce; quand elle est forte, on les dirige horizontalement, ou mieux, obliquement de droite à gauche, de manière qu'on jette en bas en montant, et en haut en descendant. Plus le sol est léger, moins les billons doivent recevoir de pente, afin que les pluies n'entraînent pas la terre. Du reste on ne peut avoir égard à ces considérations que lorsque les pièces sont grandes et assez larges; car, dans le cas contraire, on est toujours forcé d'établir les billons dans le sens de la longueur. Les labours en travers ne peuvent s'effectuer, par le même motif, que dans des pièces grandes et larges. Ces labours ameublissent mieux la terre que ceux qui sont dirigés toujours dans le même sens; mais ils ne sont indispensables que lorsqu'on se sert de charrues à soc étroit.

La charrue est la plus importante de toutes les machines agricoles. Elle est composée des parties suivantes :

1° *Le soc,* destiné à couper la bande de terre horizontalement. Il est en fer aciéré ou en acier, et présente, dans les charrues à oreille fixe, la forme d'un triangle rectangle de 9 à 12 pouces de largeur sur 14 à 16 pouces de longueur (la douille non comprise). Le soc, pour bien couper, doit montrer beaucoup de *couteau,* c'est-à-dire dépasser de beaucoup le versoir. Une pointe au bout n'est pas nécessaire et peut même devenir fort nuisible lorsqu'elle n'est plus droite, parce qu'elle tend alors à faire dévier la charrue. On donne au soc une légère inclinaison au-dessous de l'horizon (vers le bas), afin qu'il pique mieux et tienne en raie; c'est ce qu'on appelle *donner de l'entrure;* mais on doit se garder de faire cette inclinaison trop forte, sans quoi la charrue a une tendance à prendre trop profond, marche sur le *nez* et devient très-tirante. La fixité et la régularité que donne l'entrure à la marche de la charrue dépendent moins du degré d'inclinaison que du point où commence cette inclinaison et de la longueur de la portion inclinée. Lorsque la pointe seule du soc est inclinée, et l'est fortement, la charrue marche sur le nez, et ne se maintient pas en terre. Pour que la charrue tienne bien en raie, il faut que l'inclinaison commence à 8 ou 10 pouces de la pointe, et que la partie inclinée du soc ait, par conséquent, toute cette longueur. Posée sur une surface plane, la semelle ne doit alors toucher que sur le tranchant et la pointe du soc par devant, et sur le talon du soc par derrière. Pour que la charrue maintienne bien sa raie, il est nécessaire que le soc dévie un peu à gauche, de telle sorte qu'en laissant tomber un fil à plomb de la face gauche de l'*age* sur la pointe du soc, cette pointe soit à 7 ou 8 lignes plus à gauche que le plomb.

2° *Le coutre*, de même en fer aciéré, est destiné à couper la terre verticalement. On l'incline en avant afin qu'il coupe avec plus de facilité. Le tranchant doit se trouver dans le plan vertical de la ligne de mouvement. Pour remplir cette condition, on fixe le coutre dans une *coutelière* placée sur la gauche de l'age, ou on le plie par un double coudé lorsqu'il entre dans une mortaise pratiquée au milieu de l'age. La pointe du coutre doit tomber un peu à gauche et en avant de la pointe du soc : on l'abaisse ou on l'élève suivant la nature du terrain.

3° *Le versoir*, en bois, en fer ou en fonte, sert à verser la bande de terre coupée. Il varie pour la longueur et la forme. Un bon versoir a la forme suivante : il est en général peu recourbé, surtout par derrière ; il ne s'abaisse pas dans cette partie, mais conserve la même hauteur que par devant ; il n'a jamais d'*estomac*, c'est-à-dire de saillie devant, attendu que cette saillie empêche la terre de glisser, fait bourrer le versoir dans la raie et rend la charrue plus tirante. On donne au versoir assez de longueur, afin que la terre coule facilement dessus. Par le même motif, on ne l'écarte pas trop par derrière ; il suffit d'un écartement de 9 à 10 pouces, à partir de la face gauche du *sep*, jusqu'à l'extrémité inférieure du versoir. Lorsque la charrue ouvre une raie plus large que la bande, il en résulte que le versoir comprime et *cire* la tranche de terre ; le tirage en est augmenté, et l'effet ameublissant du labour est en partie détruit par la pression de la charrue sur la bande retournée. La même chose a lieu lorsque le versoir est trop abaissé et trop fortement courbé par derrière. A l'exception de quelques terres argilo-calcaires, toutes les autres glissent plus facilement sur les versoirs en fer ou en fonte que sur ceux en bois ; ces derniers rendent, par conséquent, la charrue plus tirante ; ils s'usent aussi très-vite, et ne peuvent être reproduits d'une forme constamment semblable, comme les versoirs en fonte. Il y a des charrues dans lesquelles le versoir peut se placer alternativement à droite et à gauche ; il est alors tout plat, et le soc a la forme d'un triangle isocèle. Ces charrues s'appellent *tourne-oreilles*, et sont destinées à labourer sans billons. Ce mode de labour, qu'on nomme aussi *labour à plat*,

est d'une exécution plus facile que le labour en billons ; mais il ne convient pas dans les terres fortes
et humides. Les charrues tourne-oreilles sont d'ailleurs toutes plus ou moins défectueuses.

4° *Le sep* ou la *semelle*, en fer, en fonte ou en bois
garni de fer par dessous et sur le côté gauche, forme
la base de la charrue et s'emmanche dans le soc.
Dans les charrues à roues, le sep ne devrait jamais
avoir plus de deux pieds de longueur ni plus de
quatre pouces de largeur : lorsqu'il est plus long et
plus large, il rend la charrue plus tirante.

5° *L'age* ou la haie, en bois fort, quelquefois garni
d'une bande de fer en dessous, sert à transmettre le
tirage des chevaux au corps de la charrue. L'age doit
être un peu aplati de chaque côté : il présente ainsi
plus de solidité sans être plus lourd.

6° *Les étançons* unissent la haie avec le sep. Comme
ils supportent tout l'effort du tirage, ils doivent être
solides. C'est surtout le cas pour l'étançon antérieur,
qu'on fait pour ce motif souvent en fer. On donne aux
étançons plus de force en les faisant plats et larges.

7° *Les mancherons* servent à tenir la charrue.

8° *L'avant-train* est destiné à donner de la fixité
à la charrue, à en régler la marche, de même qu'à y
atteler les bêtes ; il y a deux roues, une pièce de bois
qu'on appelle la *sellette* et sur laquelle repose l'age,
des *armons* par derrière, et par devant une chape ou
languette à laquelle on attache la volée des chevaux.
L'avant-train est ordinairement lié avec la charrue
au moyen d'une chaîne partant du milieu de l'essieu
et se terminant par un anneau ou par un collier qui
embrasse l'age et qui est retenu par une broche. On fait
varier l'entrure de la charrue en fixant le collier plus
ou moins haut sur l'age, de même qu'on règle la largeur de la raie par le moyen de la chape.

Les charrues n'ont pas généralement des avant-trains. Dans les contrées les mieux cultivées, on se sert de charrues sans roues qu'on appelle *charrues simples* ou *araires*. Les araires sont beaucoup moins tirants et en même temps moins coûteux que les charrues à roues ; ils exigent aussi moins de force de la part du laboureur, mais plus d'attention et d'adresse ; ils demandent enfin à être construits avec plus d'exactitude. Une charrue à roues, quelque mauvaise qu'elle soit, marche encore tant bien que mal, tandis qu'un araire mal construit ne va pas du tout. Le maniement pour les charrues simples n'est pas le même que pour les autres charrues : pour faire sortir l'araire de terre, on presse sur les mancherons ; on les lève au contraire pour le faire piquer. On a plusieurs dispositions pour attacher la volée des chevaux et pour régler la marche des araires. Une des plus simples est celle qu'on applique actuellement à la construction des charrues perfectionnées du Condroz (province de Liége). Elle consiste en une tige de fer recourbée dans le bas et dentelée dans cette partie. Cette tige, qu'on nomme le *régulateur*, entre dans une mortaise pratiquée à l'extrémité de l'age. Une chaine tenant à un crochet placé sous l'age se fixe dans les dents du régulateur. C'est au crochet qui termine cette chaîne que s'attache la volée des chevaux (voyez la figure à la page suivante). Pour prendre plus d'entrure, on hausse le régulateur ; on accroche la chaîne de tirage à droite pour prendre plus de largeur de raie.

On construit actuellement en Belgique d'excellents araires qui laissent bien loin derrière eux, sous tous les rapports, la charrue à avant-train. L'exposition agricole, ouverte à Bruxelles en 1848, nous a montré qu'il est peu de pays aussi avancés que le nôtre pour la construction de ces instruments ; les charrues qui y figuraient le plus honorablement sont celles de Marlinne (province de Limbourg), de Heffen (province d'Anvers), de Marbais (province de Brabant), et celles du Condroz, dont voici la figure :

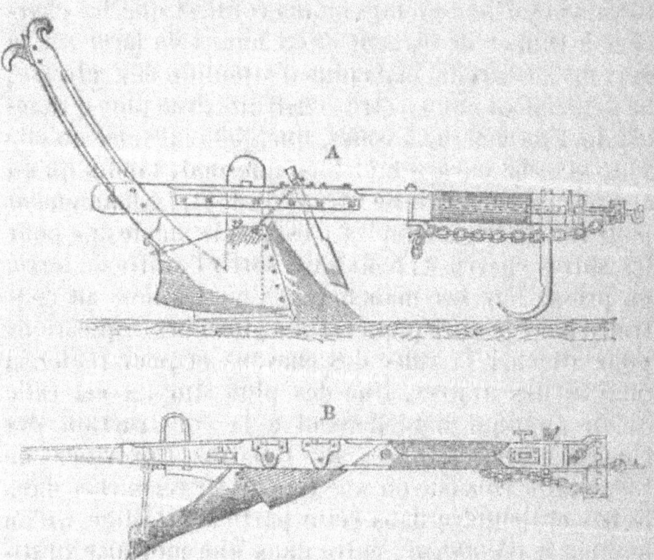

La première condition d'une bonne charrue, c'est de faire un bon labour. Elle doit, à cet effet, couper complétement et à plat la bande qu'elle retourne, et ne laisser aucune portion de cette bande adhérente au sol. Par le même motif, elle ne doit pas renverser cette bande entièrement à plat, mais lui laisser, comme nous l'avons dit plus haut, une inclinaison de 45 degrés au-dessus de l'horizon, parce que la terre présente ainsi plus de surface à l'air et que la herse mord plus facilement. On exige en outre d'une bonne charrue qu'elle puisse labourer à volonté à 6 ou 9 centimètres comme à 25 ou 30 de profondeur.

Enfin, une bonne charrue doit être aussi peu tirante
que possible et ne pas fatiguer le laboureur. Nous
avons déjà vu que l'araire exige moins de force que
la charrue à roues. L'infériorité de cette dernière,
sous ce rapport vient en grande partie de la pression
qu'exerce l'age sur l'avant-train et de celle qu'exercent par suite les roues sur le sol.

§ XXIX. — *Du hersage et des herses.*

Le hersage est, après le labour, l'opération la plus
importante. On herse pour briser les mottes et défaire
les bandes de terre, pour ameublir et égaliser la surface
du sol, pour arracher les mauvaises herbes et recouvrir la semence. On herse immédiatement après le
labour, ou après un intervalle plus ou moins long.
Pour ameublir le sol, on herse lorsqu'il est ressuyé,
mais avant qu'il soit desséché. On attend au contraire ce moment lorsqu'on veut détruire les mauvaises herbes vivaces, comme le chiendent. Pour que
la herse agisse énergiquement, elle doit aller vite ;
aussi les chevaux conviennent-ils mieux que les
bœufs pour ce travail. Lorsqu'on donne plusieurs
hersages, à la suite les uns des autres, le second doit
être exécuté en travers, ou bien obliquement si les
pièces sont étroites. Le hersage des blés, et même des
marsages au printemps, surtout lorsque la terre est
croûteuse, produit un si bon effet sur ces récoltes, que
nous n'hésitons pas à en recommander l'adoption à
tous les cultivateurs. Qu'ils l'essayent en petit, sur
quelques ares de terrain ou moins encore, et pourvu
que le sol ne soit pas de ceux dans lesquels les plantes se déchaussent, ils y trouveront tant d'avantages
qu'ils continueront sans aucun doute. Les herses,
pour ce travail, doivent être armées de dents de fer et

suffisamment pesantes. Il est également très-utile de donner plusieurs hersages au sol, immédiatement après la moisson, ou après l'enlèvement de toute espèce de récoltes. Ces hersages détruisent les mauvaises herbes qui, sans cette précaution, seraient venues à maturité, et auraient empoisonné la terre de leurs graines.

Les herses sont de différentes formes; il y en a en *carré*, en *triangle*, en *losange*, en *trapèze*. Ces diverses formes peuvent être bonnes lorsque le point d'attache et les dents sont bien placés, de telle façon que chaque dent trace un sillon à part, et que ces sillons soient à égale distance les uns des autres. On atteint ce but en plaçant les dents, soit sur des montants, soit sur des traverses en lignes parallèles entre elles et obliques à la ligne de tirage, et combinées de telle sorte que le sillon tracé par la dent antérieure d'une ligne se trouve être à côté de celui qui est tracé par la dernière dent de la ligne suivante. Les figures ci-dessous, représentant une herse triangulaire et une herse en forme de parallélogramme, offrent une application de cette règle.

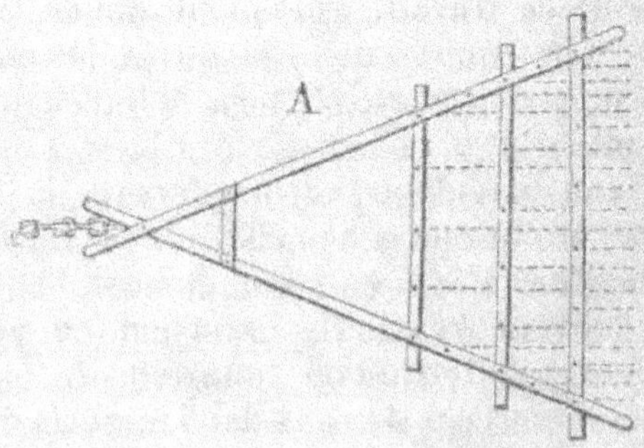

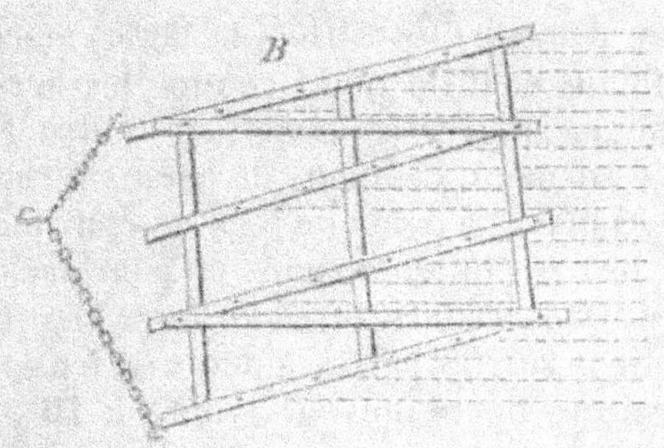

Les lignes qu'on remarque derrière les herses indiquent les sillons tracés par les dents. Le degré d'o-
bliquité des lignes de dents et le nombre de ces
dernières déterminent la distance entre chaque sillon.
Quelque faible que soit cette distance, la herse, ainsi
disposée, ne s'engorge presque jamais. Pour que la
herse marche bien et avec régularité, il faut, en outre,
que le *centre de résistance* (le point où viennent se
réunir toutes les résistances partielles, point ordinairement situé au centre de l'espace garni de dents)
soit aussi éloigné que possible du point où l'on attache la volée des chevaux. On remplit cette condition
par trois moyens : en faisant les dents de la partie
postérieure plus longue que celles de la partie antérieure, et en attelant court ; ou bien en chargeant la
partie postérieure. Ces deux moyens font mordre le
derrière de la herse plus que le devant, et atteignent
ainsi le but ; mais ils ont le défaut de détruire l'uniformité dans l'action des diverses dents : les unes
tracent des sillons très-profonds, tandis que d'autres
ne font que glisser sur terre. On évite cet inconvénient et on satisfait à la condition mentionnée en
supprimant les dents sur la partie antérieure de la
herse, auprès du point d'attache, comme le représente
la herse triangulaire dont le plan figure plus haut.

8

Au moyen de cette disposition, la herse marche avec régularité, ne sautille point comme les herses ordinaires, ne se renverse jamais, et toutes les dents mordent également. Les dents de herse sont en bois ou en fer. Les herses à dents de bois ne conviennent que dans les terres non compactes et pour recouvrir les semences. Dans les terres très-fortes et lorsqu'il s'agit d'ameublir le sol, les herses à dents de fer sont indispensables. Ces dents doivent avoir 8 à 10 pouces de longueur. On les incline en avant de 10 à 12 degrés (à partir de la verticale), afin qu'elles pénètrent mieux en terre. Dans le même but, on fait le châssis en bois fort et pesant ; souvent même on trouve de l'avantage à charger la herse d'une grosse pierre qu'on place par derrière.

Une bonne herse ne contribue pas moins qu'une bonne charrue au succès de la culture. Les cultivateurs ont, dans beaucoup de contrées, des herses mal faites et beaucoup trop légères, tandis que leurs charrues sont souvent trop lourdes. Dans les terres fortes, on ne devrait avoir que des herses à dents de fer pour deux ou quatre chevaux.

§ XXX. — *Des roulages et du rouleau.*

On ne *roule* pas partout ; mais dans la plupart des terres, c'est une excellente opération lorsqu'elle est exécutée en temps opportun. On emploie le rouleau pour écraser les mottes, égaliser le sol, et après la semaille, pour presser un peu la terre contre les semences afin qu'elles germent plus facilement. On roule aussi au printemps les récoltes qui ont été déchaussées (soulevées) par les gelées d'hiver, ainsi que l'orge et l'avoine lorsque la saison annonce de grandes sécheresses. On ne roule en général qu'après que le sol est ressuyé.

Le rouleau est en pierre, en bois ou en fonte. Il fonctionne d'autant mieux qu'il est plus court et plus gros. Dans nos contrées, les rouleaux sont généralement trop faibles et trop longs : ils ne doivent pas avoir plus de six pieds de longueur, et moins de deux pieds de diamètre, s'ils sont en bois; et cinq pieds de longueur et un pied de diamètre s'ils sont en pierre. Il est convenable de les munir d'un cadre que l'on fixe sur les deux extrémités de l'axe, et auquel on adapte le brancard qui sert à atteler le cheval.

§ XXXI. — *Emploi combiné des instruments.*

1° *Jachère.* Après chaque récolte, la terre demande à être cultivée, et il faut, pour la rendre propre à recevoir une nouvelle semaille, d'autant plus de labours, de hersages et de roulages, que le sol est plus compacte et plus sale, et que la récolte qu'on veut y mettre exige une terre plus meuble.

Lorsqu'on veut seulement ameublir le sol, on peut ne laisser qu'un court intervalle entre chaque labour. Si, au contraire, on veut détruire les mauvaises graines que contient la terre, après avoir labouré, hersé, et, s'il le faut, roulé, on attend, pour donner la seconde culture, que les graines aient germé et que le sol ait *verdi*, c'est-à-dire se soit couvert de plantes, que l'on détruit alors par un labour avant qu'elles soient venues à maturité. Si c'est du chiendent qui empoisonne le sol, on laboure profondément par un temps bien sec, sans herser ni rouler après. Quand le chiendent paraît mort, on donne plusieurs hersages avec de lourdes herses en fer, et un nouveau labour après que le chiendent arraché a été enlevé du champ. Ce chiendent, après avoir été lavé et coupé, peut servir à la nourriture du bétail. Ces opérations réitérées plusieurs fois finissent par approprier des champs très-sales. Mais, pour y parvenir, il faut souvent consacrer tout un été, surtout dans les terres fortes : c'est ce qu'on nomme faire *jachère*.

La jachère reçoit de trois à quatre labours. Dans les fortes terres, le premier doit être donné avant ou pendant l'hiver, et à la plus grande profondeur possible ; le deuxième, au printemps ; le troisième, en été ; et le quatrième, en automne, avant la semaille. On fait suivre ces labours, excepté celui qui se donne avant l'hiver, de hersages et de roulages, en ayant toujours soin de labourer avant qu'aucune mauvaise herbe ne vienne à graine ; car ce n'est pas seulement le repos qui fait du bien à la terre, ce sont encore les cultures qu'on lui donne et qui la nettoient et l'ameublissent. La jachère est la meilleure préparation qu'on puisse donner au sol, mais c'est en revanche la plus chère à cause des façons nombreuses qu'elle nécessite et parce que le terrain reste pendant toute une année sans rien produire. Aussi ne doit-on l'employer que rarement, dans des cas d'urgence et pour des récoltes qui puissent en payer les frais, comme pour du blé dans lequel on veut semer de la luzerne ou du sainfoin, pour du colza, etc. Dans toutes les terres qui ne sont pas trop forte, on remplace avantageusement la jachère, soit par des récoltes sarclées (pommes de terre, féveroles, betteraves), soit par des récoltes qui, occupant le sol peu de temps, comme le sarrasin, le trèfle incarnat, etc., permettent de lui donner des cultures suffisantes, soit enfin en laissant la terre en pâturage. Nous reviendrons du reste sur ce sujet.

Les cultures doivent se donner au moment où la terre est dans l'état le plus convenable. Cet état varie, comme nous l'avons déjà fait remarquer, suivant les

terrains. Il en est qui ne veulent pas être travaillés
par le mou ; d'autres craignent de l'être par la sécheresse. Dans chaque localité on connaît assez bien les
règles à suivre sous ce rapport, et il est surtout nécessaire de les observer pour le dernier labour avant
la semaille. En général, on peut admettre en principe
qu'il ne faut travailler la terre que lorsqu'elle n'est
ni trop sèche, ni trop humide : par la sécheresse,
une culture est très-difficile ; et par l'humidité, elle
gâte presque toujours le sol.

Comme la herse est souvent insuffisante et que la
charrue fait trop peu de besogne, on a inventé plusieurs instruments qui tiennent de l'une et de l'autre.
Les plus usités et les meilleurs sont les suivants :
L'*extirpateur*, représenté par les figures ci-contre.

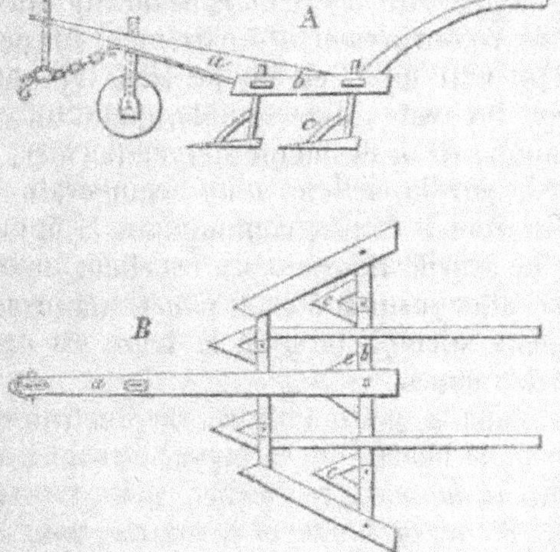

Cet instrument consiste en un cadre en bois, ayant,
au lieu de dents, trois, cinq ou sept socs en fer aciérés
d'un pied de largeur sur 15 pouces de longueur, tenue

par des tiges du même métal. Ces tiges doivent être
assez fortes pour résister aux efforts de deux ou quatre
chevaux qu'on attelle à l'extirpateur. Elles ont à peu
près la forme d'un coutre de charrue, et, pour leur
donner plus de solidité, on les incline et on les re-
courbe en avant. Parfois aussi on les bifurque dans
le bas, comme cela se voit dans la figure A qui précède. L'extirpateur ne peut fonctionner dans les terres
non retournées, excepté dans les terres à déchaumer
aussitôt après la moisson, où il produit de très-bons
résultats; mais, pour le deuxième ou le troisième labour, il peut remplacer la charrue, et fait trois ou
quatre fois autant de besogne. Il est surtout propre
à détruire les mauvaises herbes et à enfouir la semence.

Le *scarificateur*, au lieu de socs, a des dents analogues aux dents de herse, mais beaucoup plus fortes.
Elles sont recourbées et ordinairement un peu apla-
ties à leur extrémité, et ont de 12 à 18 pouces de
longueur. Du reste, il ressemble, quant au cadre, à
l'extirpateur. Il a, de même que ce dernier, un age
qui repose sur la sellette d'un avant-train ou sur
une petite roue à chape, comme dans la figure A ci-
dessus. Le scarificateur est un excellent instrument,
qui peut aller jusqu'à 7 et 8 pouces de profondeur,
et convient surtout lorsque la terre est durcie ou
remplie de racines.

On a, dans la petite culture, des instruments qui
remplacent la charrue et la herse; ce sont : la *bêche*,
la *pioche*, la *houe* et le *crochet*, pour retourner la
terre; le *râteau*, la *binette* et la *fourche*, pour l'émietter, soit après le labour, soit pendant la végétation
des plantes. Une espèce de bêche, qui mériterait d'être
plus répandue, c'est la bêche à trois branches ou trident. Elle convient beaucoup mieux que les bêches

ordinaires pour la culture de la vigne, pour l'arrachage des pommes de terre et même pour les labours habituels dans les terres fortes ou pierreuses. On en a qui n'ont que deux dents et qu'on emploie dans les terres les plus compactes.

La pioche, la houe et le crochet doivent avoir un manche d'au moins trois pieds de longueur; ce manche doit être fixé de telle sorte qu'il forme avec la lame de l'instrument un angle presque droit. Par cette disposition, l'ouvrier n'a pas besoin de se baisser beaucoup et se fatigue par conséquent bien moins. Dans les pays où l'on se sert de houes et de crochets très-recourbés et à manches courts, on voit les personnes qui les emploient d'habitude finir par marcher toutes courbées lorsqu'elles arrivent à un certain âge.

Enfin il y a des *instruments de transport*, qui consistent en *chariots* à quatre roues, *charrettes* à deux roues et *tombereaux* à deux et quatre roues. Les voitures à deux roues sont un peu moins tirantes que celles à quatre roues, mais elles ruinent les chevaux qui sont au timon. Elles sont aussi plus difficiles à charger et ne conviennent que dans des pays de plaines. Les voitures diffèrent en outre par leurs dimensions et par le nombre de chevaux ou de bœufs qu'on y attelle; c'est ainsi qu'on a des voitures à un cheval, à deux, quatre, six et même huit chevaux. On sait aujourd'hui d'une manière positive que plus l'attelage est nombreux, plus est faible le tirage de chaque bête en particulier, à telles enseignes qu'un cheval qui, attelé seul à une voiture, tirera sans gêne deux milliers pesant, ne pourra plus tirer que six à huit cents, attelé à une voiture à huit chevaux. Il y a donc grand avantage à avoir de petites voitures attelées de deux ou de quatre chevaux tout au plus.

CHAPITRE V.

DE LA CULTURE DES PLANTES EN GÉNÉRAL.

§ XXXII. — *Des semailles.*

Lorsque le terrain est convenablement façonné par les labours, les hersages, etc., et qu'on l'a suffisamment pourvu de fumier, on peut considérer comme terminés les travaux préliminaires qu'exige la culture ; alors on passe à la sémination, pour laquelle il importe d'observer et de prendre en considération les règles et les faits que nous allons indiquer.

Choix et qualité de la semence. — Celui qui veut être sûr de la prospérité de ses semailles devra surtout porter toute son attention sur le choix des semences et ne pas perdre de vue cette sentence de l'Écriture : « L'homme récoltera comme il aura semé. » Ainsi, l'agriculteur prendra en considération les points suivants :

1° Ne choisir pour l'ensemencement que des graines parfaites, bien conservées et exemptes de semences de mauvaises herbes. Un grain moite, moisi ou qui n'a pas atteint sa maturité complète, ne lève pas, ou, s'il lève, il ne produit que des plantes faibles. Les graines légères, ou celles qui ont été mal conservées, sont incapables de germer.

2° Dans le champ même, il faut choisir la place qui est destinée à fournir la semence pour les semailles ; cette place doit être parfaitement nettoyée de toute mauvaise herbe, être exempte de *charbon*, et n'avoir que des tiges et des épis vigoureux.

3° Le grain destiné à l'ensemencement doit avoir

atteint sa maturité complète sur la tige même, et être engrangé bien sec.

4° Lorsqu'on ne peut pas battre de suite les gerbes réservées à donner les graines de semence, il faut les conserver dans un endroit bien sec et aéré.

5° Les blés auxquels on donne cette destination ne doivent être battus que fort légèrement, de manière à n'en faire sortir que les grains les plus parfaits. Un bon tarare et un vannage bien soigné peuvent également conduire à ce but.

6° On conservera les graines pour semailles dans un endroit sec et aéré, on les répandra en couche mince que l'on retournera souvent pour qu'elles sèchent plus vite.

Faculté germinative des semences. — Les semences, suivant leur nature ou suivant la manière dont elles ont été soignées, peuvent posséder pendant un temps plus ou moins long la faculté de germer. Quelques graines oléagineuses conservent cette propriété pendant deux à trois ans ; d'autres durant cinq à six ans. Les semences farineuses perdent cette faculté ordinairement au bout de deux à trois ans. Le tableau suivant indique le temps pendant lequel la propriété de germer se maintient dans les principales semences.

Le tabac.	pendant 9	ans.
La betterave. . . .	» 6-7	»
Le rutabaga. . . .	» 5-6	»
Le chou cabus. . .	» 5-6	»
Les pois.	» 5	»
Les féveroles. . .	» 5	»
L'esparcette . . .	» 4-5	»
La luzerne. . . .	» 4	»
Les carottes . . .	» 4	»
Le seigle	» 4	»

L'orge d'automne . pendant 3-4 ans.
Le blé d'automne . » 3-4 »
Le chanvre. . . . » 3 »
Le colza. . . . . » 5 »
Le sarrasin . . . » 2-3 »
Le trèfle rouge. . . » 2-3 »
L'orge de printemps. » 2-3 »
Le blé de printemps. » 2-3 »
Le millet. . . . . » 2 »
Les lentilles . . . » 2 »
Le lin. . . . . . » 2 »
L'avoine. . . . . » 2 »
Le pavot ou œillette. » 2 »

Pour savoir si des semences achetées possèdent encore la propriété de germer, on les essaye en les mettant dans un morceau de drap que l'on tient humide; au bout de quelque temps on observe si la germination a lieu et combien il y en a qui germent.

Les semences perdent la propriété de germer :

1° Par l'humidité, lorsqu'on engrange les plantes grenées par un temps pluvieux, ou qu'on les conserve dans un endroit peu aéré et humide;

2° Par la chaleur en faisant sécher les semences dans un espace trop chaud, dans un four par exemple, comme cela se pratique, à tort, dans quelques contrées.

3° Enfin cette faculté se perd toujours avec l'âge.

Changement de semence. — L'expérience prouve que le climat et le sol influent beaucoup sur le perfectionnement des diverses espèces de plantes; on sait aussi, d'un autre côté, que souvent dans un terrain les plantes dégénèrent à tel point qu'il est absolument nécessaire de changer de semence. Lorsqu'on est obligé de se soumettre à cette loi, il importe :

1° De ne jamais acheter les semences que dans des contrées favorables à la production des graines dont on a besoin ;

2° De prendre la semence sur un terrain plus maigre que celui auquel elle est destinée, plutôt que de la récolter sur un terrain plus riche ;

3° De chercher, en changeant de semence, à en avoir d'un climat à peu près pareil à celui dans lequel elle doit être employée : cependant l'on aime à tirer le chènevis d'une contrée un peu plus chaude, et la graine de lin d'une contrée plus froide, par exemple de la Lithuanie, de la Livonie, de Courlande et aussi du Tyrol ;

4° De ne pas acheter des grains pour semailles dans les contrées qui souffrent du charbon, et qui sont infestées de mauvaises herbes ;

5° De ne jamais employer une semence nouvelle sans la soumettre préalablement à l'épreuve germinative.

Préparation de la semence.— La graine, humectée peu avant l'ensemencement, acquiert la propriété de germer avec plus de facilité. Par un temps pluvieux cependant, cette pratique est superflue, et par un temps sec, elle peut devenir nuisible, parce qu'alors la terre, étant sèche, n'est pas susceptible d'alimenter le jeune germe qui a été éveillé dans la graine. On peut dire, en thèse générale, qu'il est inutile et même dangereux de faire tremper la semence avant la semaille. Il n'y a d'exception à cette règle que pour les graines qui germent lentement, telles que graines de tabac, de betterave, de maïs ou blé de Turquie, etc. Plusieurs agronomes recommandent de semer le soir, pour que les graines se trouvent pendant la nuit sous l'influence de la rosée, puis de les recouvrir avec la herse; mais les inconvénients qu'offre cette pratique n'en permettent l'adoption que dans un très-petit nombre de cas.

Il est nécessaire, avant la sémination, de débarrasser la semence de la poussière, des graines de mauvaises herbes et des semences légères, au moyen d'un crible ou d'un van.

Quantité de semence nécessaire pour les semailles. — La quantité de semence nécessaire à une superficie dépend de plusieurs circonstances.

1° Un semeur habile emploie moins de semence qu'un semeur maladroit.

2° Il faut plus de semence, lorsque celle-ci consiste en grosses graines, que lorsque les graines sont fines.

3° En choisissant une bonne semence bien mûre, il en faut moins qu'en employant des graines faibles et imparfaites.

4° En semant par un temps favorable, il faut également moins de semence que lorsque le temps est défavorable pour cette opération, comme, par exemple, un temps très-sec.

5° Un champ bien préparé et bien nettoyé exige une plus faible quantité de semence qu'un champ mal préparé et mal nettoyé. En semant sur jachère, il ne faut pas autant de semence que pour un champ à culture non interrompue.

6° Un terrain riche demande également moins de semence qu'un sol maigre.

7° Il faut d'autant moins de semence que le sol est mieux approprié à la plante que l'on sème. C'est ainsi qu'en semant du blé dans une terre forte, il en faut une plus petite quantité que lorsqu'on en ensemence une terre légère.

8° En semant de bonne heure, on peut employer moins de semence que lorsqu'on sème tard ; car en semant tôt, les plantes ont plus de temps pour taller.

9° En semant à la volée, il faut plus de semence qu'en exécutant la même opération à l'aide d'un semoir mécanique.

10° Un champ qui a porté une récolte qui n'exerce aucune influence favorable sur la culture suivante, exige une plus forte quantité de semence. C'est ainsi qu'il faut plus de grain de froment et d'épeautre lorsque ces plantes succèdent aux pommes de terre, que lorsqu'elles succèdent à une jachère pure ou à une culture de colza, de trèfle, etc.

11° C'est d'après ces diverses considérations que l'agriculteur doit savoir déterminer la quantité de semence nécessaire pour chaque culture, ou qu'il peut la déterminer peu à peu par l'expérience.

Époque des semailles. — Les semailles se font, en Belgique, à deux époques principales de l'année : au printemps et en automne ; on les désigne sous les noms de semailles de printemps et de semailles d'automne. L'époque des semailles dépend de la nature de la plante à semer, du climat, de l'exposition, du terrain et de l'état de la température. Ceci fait voir qu'il faut avoir égard à certaines considérations que l'on peut présenter de la manière suivante :

1° Dans les montagnes, les semailles d'automne commencent de quinze jours à trois semaines plus tôt que dans la plaine. Les semailles de printemps, au contraire, peuvent dans ces contrées se faire d'autant plus tard.

2° Dans un terrain compacte et froid, il faut semer plus tôt que dans une terre chaude et légère.

3° Les récoltes de printemps doivent être semées tôt dans les terres légères, chaudes et brûlantes, non-seulement pour que les graines soient encore à même de profiter de l'humidité que l'hiver a laissée dans la terre, mais encore afin que la végétation ait assez de

.orce pour porter ombrage à la terre lors de la saison des sécheresses.

4° Un champ à l'exposition du nord doit être ensemencé plus tôt qu'un champ à l'exposition du sud.

5° Les grains d'automne se sèment ordinairement dans la seconde quinzaine de septembre ou dans la première quinzaine d'octobre. Le seigle, qui ne talle bien qu'en automne, se sème habituellement avant le froment et l'épeautre (1). Parmi les plantes de printemps, on sème en premier lieu le trèfle, l'avoine, le blé de mars, le seigle de printemps ; puis en même temps les féveroles, les pois, les vesces, les lentilles, les betteraves, les carottes, l'œillette et le lin hâtif. Cependant l'on ne procède à ces semailles que lorsque la terre est convenablement ressuyée. Ensuite, on s'occupe de l'orge de mars, à deux rangs ou marsèche, puis de l'escourgeon de mars. Le lin tardif se sème au mois de mai. On procède également à la plantation des pommes de terre au commencement de mai. Cependant, depuis quelque temps, on a eu lieu de faire cette observation très-importante, que plus elles sont plantées tôt, moins elles sont sujettes à être atteintes du fléau qui a déjà fait tant de ravages dans ce précieux tubercule. Dans la première moitié du mois de mai, lorsque les gelées de printemps ne sont plus à craindre, on peut s'occuper des semailles de plantes un peu délicates, telles que le maïs, le millet, les haricots, le chanvre, le sarrasin, le madia. Les semailles de colza et de navette ont lieu ordinairement vers la fin de juillet ou au commencement d'août.

6° Pour les labours et pour l'ensemencement des

(1) Nous recommandons ce précepte à toute l'attention des fermiers qui s'obstinent à ne semer leurs céréales d'hiver qu'en novembre et quelquefois même en décembre.

champs, il ne faut jamais écouter les préjugés qui indiquent tel ou tel jour plutôt que tel ou tel autre; il est beaucoup plus raisonnable de choisir pour cela, autant que possible, le temps le plus favorable.

7° Il n'est pas profitable de semer par un vent fort ou un ouragan, car alors les graines ne se répandent pas uniformément; les graines fines, surtout, ne doivent être semées que par un temps calme.

Méthodes de semer et de recouvrir la semence. — L'ensemencement se fait à la volée, au plantoir, ou en plantant à la main, ou bien encore au moyen de machines appelées *semoirs :* cette dernière méthode s'appelle *semis en lignes.* Les règles suivantes sont à observer pour ces diverses manières de semer.

1° Un bon semeur doit opérer avec une attention particulière, afin de prendre la mesure convenable des différentes graines et de les répandre également sur le champ.

2° Lorsque les graines sont grosses, on en répand plus que lorsqu'elles sont fines; de ces dernières, on ne prend souvent qu'à trois doigts. Suivant que les graines sont grosses ou fines, un bon semeur doit encore savoir calculer ses pas : ou il en répand à chaque pas, ou il fait deux pas avant de jeter la graine.

3° Pour que, dans les champs non façonnés en billons, le semeur ne perde pas les traces des semences répandues, on les indique au moyen de petites baguettes ou de branchages.

4° On sème au plantoir, ou l'on met en terre à la main, les graines qui doivent être déposées à une distance régulière, pour pouvoir être binées plus tard, comme par exemple le maïs, les fèves, les betteraves, les pommes de terre, etc.

5° Outre une économie de semence et une plus grande facilité pour les travaux subséquents, la culture en lignes présente encore l'avantage d'une distribution plus uniforme de graines. Dans une culture de céréales, de betteraves ou de colza un peu étendue, un semoir présente une grande économie, et le cultivateur rentre bientôt dans le prix d'achat de la machine. Pour la semaille des céréales, on ne peut guère employer que le *semoir à cheval*; mais lorsqu'il s'agit de l'ensemencement des betteraves, des carottes, des navets, du colza, etc., toutes plantes qui demandent à être séparées entre elles par de plus grands intervalles, le *semoir-brouette* peu très-bien remplir l'office. Cet instrument, dont voici le plan, devrait se trouver

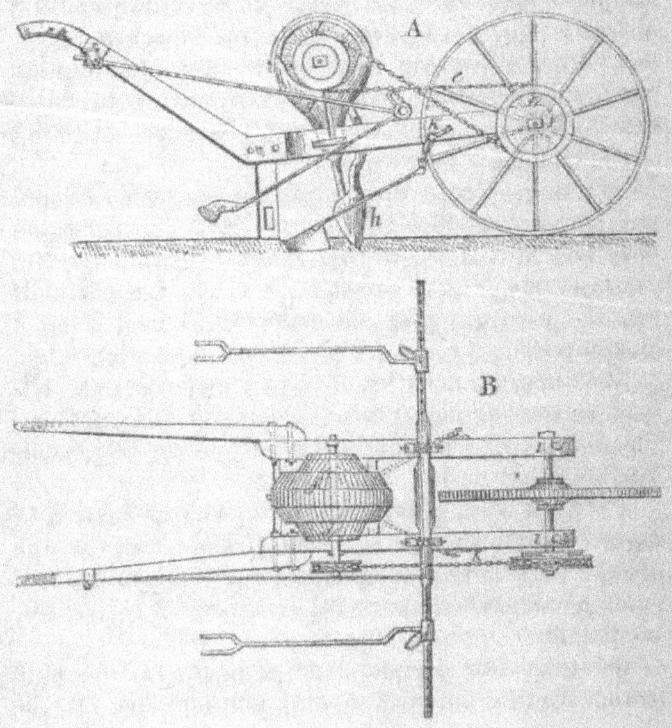

dans toute exploitation bien coordonnée, et notamment dans les fermes où la culture des plantes-racines a pris une certaine extension.

6° Différentes méthodes sont en usage pour recouvrir la semence. On enfouit sous raie, c'est-à-dire à la charrue, les semailles de printemps, comme l'avoine et les fèves, que l'on met dans les sols qui se dessèchent facilement, de même que les semailles d'automne confiées à des terres légères, où les plantes sont exposées à se déchausser en hiver par le soulèvement du sol. Sur les terres fortes, comme tous les terrains glaiseux, on recouvre ordinairement les semences avec la herse; pour les champs d'une certaine étendue, on emploie aussi l'extirpateur. On recouvre avec le rouleau ou la herse à clayon les graines fines qui ne demandent qu'une couverture légère, comme celles du pavot et du trèfle.

7° Les graines fines, comme le colza, la navette, le pavot, le trèfle, la luzerne, le lin et le chanvre, doivent être semées sur un hersage. Il est bon, en général, même pour les céréales et les farineux, qu'avant les semailles la terre ait reçu un ou deux hersages, car alors les semences se répartissent plus également.

8° Les semences d'une certaine grosseur, et qui germent lentement, veulent être enfouies à une plus grande profondeur. On les recouvre moins profondément dans une terre humide et compacte.

9° Le rouleau rend d'excellents services pour la plupart des semailles de printemps, particulièrement pour l'orge et le millet; par là, la germination se fait plus facilement et l'humidité reste mieux enfermée dans le sol. Les avantages que présente le rouleau devraient engager toutes les communes à faire acquisition de quelques-uns de ces instruments dans les lieux où ils sont inconnus ou peu usités, comme en Ardenne, par exemple, où ils seraient si nécessaires.

Travaux nécessaires après les semailles. — Lorsque le laboureur diligent et plein d'espérance a confié la semence au sein maternel de la terre, il lui reste encore beaucoup de travaux à exécuter pour que sa culture soit parfaite.

1° D'abord, lorsqu'on aperçoit de grosses mottes de terre dans un champ ensemencé, il ne faut pas négliger de les briser. Cette précaution est nécessaire surtout pour les semailles de printemps ; elle est moins importante pour les semailles d'automne, parce que les mottes peuvent servir à abriter un peu les jeunes plantes contre les vents froids. Si, dans une terre emblavée, il y a des morceaux de gazon, il faut les casser ; lorsqu'il y a des pierres, il faut les enlever.

2° Ensuite, dans les champs ensemencés pendant l'hiver, il est important d'établir des rigoles d'écoulement pour les eaux. Ces rigoles sont moins nécessaires sur les sols en pente et façonnés en billons. On les fait au moyen du buttoir ou charrue à deux versoirs, et quelquefois aussi avec la charrue ordinaire, en observant les règles suivantes :

a. Établir ces raies dans le sens de la pente, de manière que l'eau puisse facilement s'écouler sans rester stagnante.

b. Ne les faire ni trop profondes, ni trop superficielles.

c. Dans les terres à pente un peu forte, il faut leur donner une direction un peu oblique, pour que l'eau ne puisse, par une chute rapide, enlever trop de terre.

d. Au bout de ces raies d'écoulement, on établit des fossés dans lesquels la terre entraînée se rassemble.

e. A l'époque des grandes pluies et à celle de la fonte des neiges, il faut bien surveiller ces raies pour qu'elles ne puissent s'embourber.

De la transplantation.—Au lieu de semer en place les plantes dont la croissance est un peu lente, ou qui dans leur jeunesse souffrent facilement du froid, on les repique; à cet effet, et pour rendre les jeunes plants bien vigoureux, on sème sur couche dans un terrain riche et à l'abri du froid. Parmi les espèces que l'on plante ainsi, figurent le tabac, les betteraves, le chou cabus, les rutabagas ou navets de Suède, et plusieurs autres. Les principes suivants sont à observer pour la transplantation ou le repiquage.

1° Il faut que les plants aient acquis une certaine force, parce que des plants vigoureux, surtout par un temps sec, prospèrent mieux que des plants faibles.

2° Pour transplanter, on attend autant que possible un temps un peu humide. Il n'est pas avantageux de transplanter dans les terres fortes lorsqu'elles sont trop humides; il n'en est pas de même quant aux sols légers et meubles.

3° Dans les terres glaiseuses et fortes, il ne faut jamais placer les racines des plants dans une bouillie de purin et de terre fine, car, par un temps sec, ces terres se durcissent et la plante se trouve entravée dans sa croissance; cette pratique n'est avantageuse que pour les terres légères. Il vaut mieux mettre d'abord les plants en terre et arroser ensuite.

4° On transplante à la main, avec le plantoir, ou avec la houe, quelquefois aussi avec la charrue.

5° Par un temps sec, il faut arroser de temps en temps pour faciliter la reprise du plant. L'arrosage est plus nécessaire pour les diverses espèces de choux et le tabac que pour les betteraves.

§ XXXIII. — *Soins à donner aux plantes sur pied, pendant leur croissance.*

Les plantes, pendant toute la durée de leur croissance, ont besoin de soins assidus. Beaucoup de cultivateurs ont adopté l'usage fort louable de consacrer une partie des dimanches et jours fériés à passer leurs champs en revue. Outre la satisfaction que leur donnent ces promenades pendant lesquelles ils observent le développement de leurs récoltes, ils y trouvent souvent occasion d'examiner ce qu'il y aura à faire pendant la semaine. Les soins à donner aux plantes en général peuvent être résumés par ce qui suit :

Manière de les préserver de l'humidité et de la trop grande sécheresse. — 1° A la fonte des neiges abondantes, ou après les grandes averses, il faut visiter les champs ensemencés pour voir si les eaux y reçoivent des moyens d'écoulement convenables et si elles n'y restent pas stagnantes.

2° Une pratique très-utile pour préserver les plantes contre un excès de sécheresse, surtout les semailles de printemps, c'est d'y faire passer le rouleau. L'emploi de cet instrument est d'autant plus nécessaire que le terrain est plus léger et plus meuble. Ordinairement on donne un plombage au rouleau à l'avoine, à l'orge de printemps, au trèfle et au lin. Lorsque, pour les semailles de printemps sur terre légère, aussi bien que sur terre argileuse, le labour de semailles est fait avant l'hiver, et qu'au printemps on recouvre la semence simplement à la herse, l'humidité se conserve plus longtemps dans le sol.

3° Le rouleau, qu'il faut cependant éviter d'employer lorsque le terrain est humide, rend également d'excellents services aux céréales d'automne semées sur une terre sans consistance, ou sur la pente des montagnes où elles se déchaussent facilement en hiver et sont sujettes à périr par la gelée.

Travaux d'entretien du sol par le binage, le houage, le buttage, etc. — Pendant la croissance des plantes, il faut remuer et ameublir la terre qui les porte, afin que l'air puisse mieux y pénétrer, que les racines puissent s'étendre plus librement et que les mauvaises herbes soient arrêtées dans leur développement. Retourner trop fréquemment une terre légère, surtout par une grande sécheresse, est une pratique nuisible; car par là l'humidité se perd trop tôt, et le fumier se consume par la dessiccation.

1° *Le binage* a pour but de remuer la terre superficiellement pour déchausser et détruire les mauvaises herbes. Il s'opère au moyen de la houe à la main ou aussi avec la *houe à cheval*. La houe à cheval est encore inconnue chez la plupart de nos cultivateurs; et cependant elle constitue l'un des instruments les plus importants et les plus utiles pour les cultures en lignes. Il est évident, en effet, qu'on ne peut emblaver avec profit de grandes surfaces de terre en carottes, betteraves, navets, etc., sans posséder des moyens de sarclage économiques. A l'aide de la houe à cheval à couteaux, représentée par les figures suivantes, on économise considérablement les frais de main-

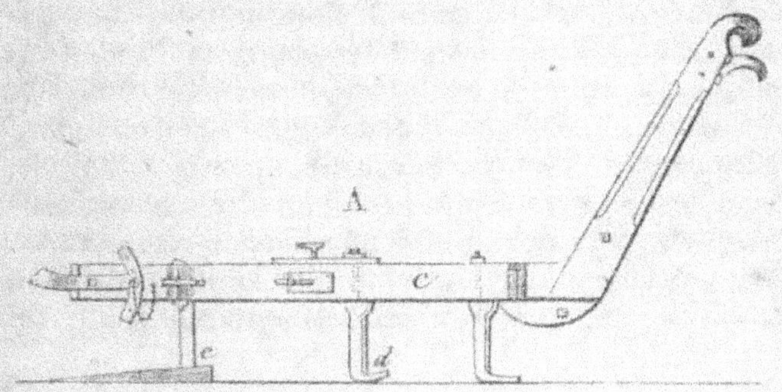

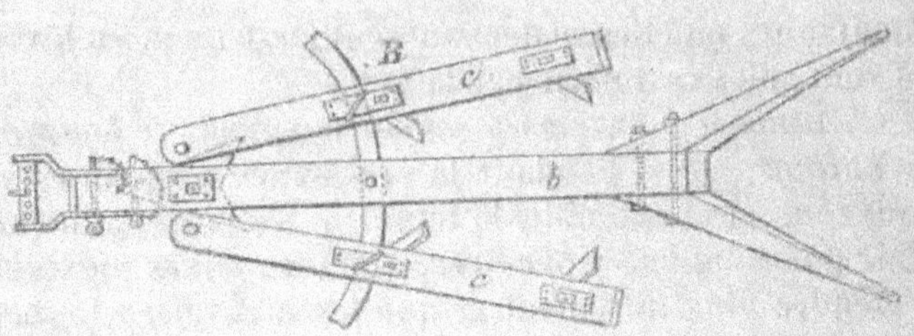

d'œuvre sans diminuer pour cela les bons effets de l'ameublissement et du nettoiement du sol. On bine ordinairement une ou deux fois les plants de choux, les betteraves, le tabac, puis les pommes de terre, le maïs, les fèves, l'œillette, la garance et le pastel. On donne 2 à 3 binages aux pépinières, aux vignes et aux houblonnières. Cette opération ne doit se faire ni par un temps trop humide, ni par un temps trop sec.

2° *Par le houage*, qui est un binage profond, on remue la terre jusqu'à une profondeur d'environ 7 à 15 centimètres au moyen de la houe ou du hoyau. Cette manière de biner ne s'applique ordinairement qu'à la vigne ou aux pépinières. On houe volontiers avant l'hiver les arbres fruitiers plantés sur les prairies ou sur les pâturages.

3° *Le buttage* a pour effet, non-seulement d'ameublir la terre autour de la plante, mais encore d'amasser autour d'elle une certaine quantité de terre fertile, ce qui sert en même temps à favoriser la végétation et à garantir les plantes contre un excès d'humidité. On butte le chou cabus, les pommes de terre, le maïs, le houblon, ainsi que le colza semé en lignes. Cette opération se fait à la main ou avec le buttoir. Dans ces derniers temps, on a inventé une machine à laquelle on a donné le nom de *houe à cheval à socs*. Cet instrument, dont voici les plans, se construit en Condroz, et ne saurait être trop recommandé. On

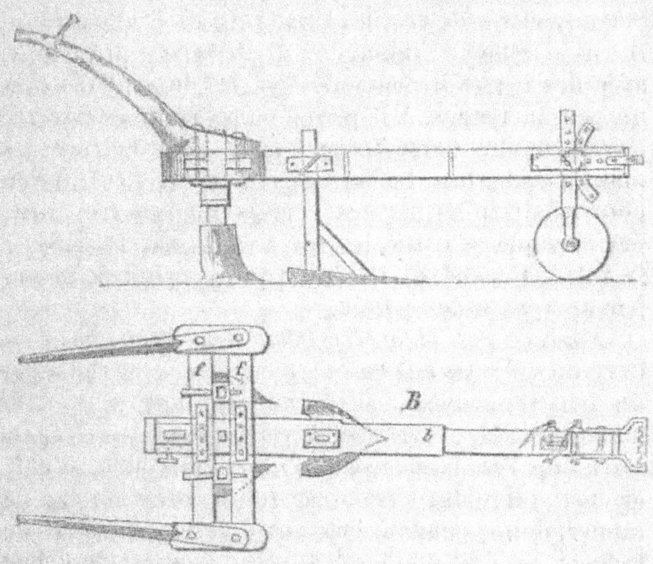

l'utilise principalement pour le buttage des betteraves, des carottes et des pommes de terre, c'est-à-dire pour le plantes qui croissent en quelque sorte en raison des façons qu'on leur donne pendant le cours de leur croissance. Les plantes que l'on veut butter doivent être assez fortes pour que la terre que l'on amasse autour d'elles ne puisse les recouvrir. Pour le buttage, il faut que les terres fortes soient assez sèches; les terres légères et sablonneuses peuvent sans inconvénient être un peu humides.

4° *Les hersages*, appliqués aux semailles d'automne, présentent l'avantage d'ouvrir le sol qui se durcit en hiver; on herse ainsi au printemps par un temps sec à une époque où les plantes sont encore petites. Par ces hersages, on ameublit le sol en lui procurant l'accès bienfaisant de l'air, on détruit les mauvaises herbes, et on détermine une croissance vigoureuse. Il est également avantageux de herser au printemps, avec des herses à dents de fer, les luzernières déjà un peu anciennes. A l'époque où les pommes de terre lèvent, on les herse fréquemment pour détruire les mauvaises herbes. Le hersage est un excellent moyen pour éclaircir les plantes semées un peu trop dru, par exemple le colza, les raves et les navets semés à la volée. Cependant il n'est pas opportun de herser par un vent rude et froid.

Fumure des plantes pendant leur croissance. — Certaines plantes ont besoin, pour prospérer et donner un bon rendement, d'être un peu fumées pendant leur croissance. Dans ce cas cependant, il est nécessaire que l'on fasse usage d'un engrais bien soluble ou même liquide; c'est ainsi que le purin ou eau de fumier, donné pendant l'été aux différentes espèces de racines, produit un excellent effet; il en est de même pour le houblon, le maïs et le tabac. Des semailles d'automne un peu languissantes peuvent se remettre en vigueur lorsqu'on les arrose de purin ou d'eau de lizée quand elles sont couvertes de neige. On peut également leur donner cet engrais liquide au printemps, mais alors il est indispensable qu'il ait subi la fermentation que nous avons déjà signalée, autrement il serait plus nuisible qu'utile. Les agriculteurs qui habitent à proximité des villes ont un excellent moyen à leur disposition pour venir au secours de leurs semailles d'automne affaiblies, c'est d'acheter en ville l'engrais humain, de l'étendre d'eau et d'en arroser les produits les plus chétifs : une fois placés dans ces conditions, ceux-ci ne tardent pas à reprendre de la vigueur et à prospérer.

Destruction des mauvaises herbes. — « Ton champ

ne portera que des épines et des chardons. » Cette
sentence que Dieu a prononcée lors de la chute de
l'homme n'a pas cessé un instant d'exercer son influence jusqu'à l'époque actuelle. La quantité de mauvaises herbes, qui accompagne surtout l'assolement
triennal, est innombrable : donc, l'un des premiers
soins de l'agriculteur doit consister à éloigner tout
ce qui peut contribuer à encombrer ses champs de
plantes adventices, à employer tous les moyens pos-
sibles pour débarrasser ses guérets de ces hôtes in-
commodes. On reconnaît deux sortes de mauvaises
herbes : celles qui se propagent par les semences, et
celles qui se multiplient par les racines ; chacune de
ces catégories cède à des moyens particuliers de
destruction. Parmi les mauvaises herbes les plus
nuisibles qui se propagent de semences, on range
les suivantes : la moutarde des champs ou sénevé, le
radis sauvage ou ravenelle, les marguerites, le se-
neçon, le mouron, la bourse à pasteur, les renoncules
ou pieds-de-poules, la sarrette ou chardon hémor-
roïdal, le coquelicot, la camomille, le bluet ou bar-
beau, la nielle, l'ansérine, l'avoine follette, les brômes,
les agrostis, les ivraies, etc. Les mauvaises herbes les
plus dangereuses qui se multiplient par les racines
sont : le chiendent, le jouet des vents, le liseron des
champs, les oseilles sauvages, l'yèble, l'arrête-bœuf.
Pour détruire ces mauvaises herbes nous recommandons aux cultivateurs les moyens suivants :

1° En nettoyant les champs avec soin, en les fumant avec abondance, en établissant, autant que les
circonstances le permettent, un système pour la succession des récoltes, dans lequel jamais deux plantes-
céréales ne se suivent, on oppose autant d'obstacles à
la propagation des mauvaises herbes. Qu'en outre,
on choisisse toujours des graines bien mûres et bien

pures; que l'on conduise sur les prairies et jamais aux champs le fumier des porcs, la balayure des cours, tous les engrais enfin qui renferment des graines de mauvaises herbes; puis qu'on fauche, avant leur entrée en fleur, toutes les plantes adventices qui croissent le long des chemins ou dans les lieux vagues qui bordent les champs, et l'on aura très-efficacement arrêté leur propagation.

2° Pour nettoyer un champ infesté de semences de sénevé, de ravenelle, d'avoine follette, etc., ce qui arrive souvent dans les cultures de printemps, on choisit le moment où la terre n'est pas cultivée, c'est-à-dire pendant la jachère; on ameublit le sol principalement par des hersages multipliés, afin de faciliter la germination de ces plantes, puis on y repasse la herse pour en détruire les germes à peine éclos. Un champ, ainsi infesté, peut aussi être nettoyé au moyen d'un labour superficiel et d'un hersage donnés au printemps dès que la terre commence à être ressuyée; on saisit alors un temps sec pour y passer la herse qui détruit la mauvaise herbe à peine levée. Les champs préparés de cette manière sont encore très-propres à une culture un peu tardive, comme par exemple les pommes de terre, les betteraves repiquées, les vesces à fourrage. En général, une charrue bien construite et une bonne herse sont d'excellents auxiliaires pour la destruction des mauvaises herbes. Un bon hersage au printemps, par un temps sec, est encore une bonne opération, utile aux céréales d'automne et de printemps, qui souffrent beaucoup de ces mauvaises plantes. Lorsqu'on ne veut pas employer ce moyen, on laboure légèrement peu de temps après la récolte, et l'on herse avec beaucoup de soin, de manière à favoriser en automne la germination des plantes adventices; puis on y revient encore avec un bon hersage par un temps sec; on donne alors avant l'hiver un labour profond, et l'on abandonne la terre remuée à l'influence du froid. Quand les mauvaises herbes ont pris trop le dessus, on ne peut obvier à cet inconvénient qu'en enfouissant la semence sous raie.

3° Le meilleur moyen pour nettoyer un champ sali de mauvaises herbes, se multipliant par racines, comme le chiendent, c'est la jachère.

4° Ce qui contribue puissamment à la destruction de toutes les mauvaises herbes en général, c'est une culture successive de plantes sarclées, pommes de terre, betteraves, carottes, dont on nettoie toujours avec soin les intervalles, soit à la main, soit avec les houes à cheval dont nous avons donné les figures.

5° On arrive encore à ce résultat en cultivant des plantes qui couvrent tout à fait le sol, par exemple les mélanges de vesces, les pois, le trèfle et la luzerne; toutes ces plantes semées bien dru étouffent les mauvaises herbes en leur interceptant l'air et la lumière.

6° En mettant à sec une terre humide, on fait périr les espèces qui ne peuvent vivre que dans l'humidité, comme les prêles, la plupart des renoncules, les laîches et les scirpes.

7° La chaux vive et la marne font également disparaître beaucoup de mauvaises herbes.

8° Lorsque ces différentes opérations ne suffisent pas pour extirper toutes les mauvaises plantes, il ne reste plus qu'un seul moyen, un peu coûteux, il est vrai, mais sûr, c'est de les arracher à la main. Cette opération, appelée *sarclage*, doit être entreprise de bonne heure, et jamais par un temps trop humide. On jette sur le tas de compost les mauvaises herbes qui ne peuvent servir de fourrage aux bestiaux.

9° Les porcs, que l'on fait pâturer dans les champs, contribuent beaucoup à la destruction des mauvaises herbes qui se multiplient par les racines.

10° En somme, le moyen le plus efficace et le moins coûteux de faire la guerre aux mauvaises herbes, c'est d'adopter la culture en lignes.

Destruction des animaux nuisibles. — Divers animaux font du tort aux récoltes. Ce sont principalement :

1° *Les mulots, surmulots, campagnols, rats champêtres et des moissons.* Ces animaux, assez fréquents dans certaines années, pillent les champs de blé à la moisson, et font en outre du tort à d'autres récoltes, surtout aux prairies artificielles, en minant le sol. On les prend avec des piéges, ou l'on noie ou enfume leurs souterrains, ou encore on y met des vivres empoisonnés. Pour connaître les trous habités, on les ferme le soir ; les rats les ouvrent pendant la nuit. On détruit aussi bon nombre de ces animaux avec des chiens dressés à cette chasse et que les cultivateurs font marcher derrière eux lorsqu'ils labourent. Des vers de terre saupoudrés de noix vomique pilée et déposés dans les trous, après avoir été gardés pendant quarante-huit heures dans un vase, sont un bon moyen d'empoisonner ces animaux.

2° *Les taupes* ne mangent que des insectes et sont plutôt utiles que nuisibles dans les prés, lorsqu'on a soin d'étendre les taupinières ; mais elles bouleversent la terre dans les champs et dans les jardins, et y font souvent grand tort. On les prend par les moyens que nous venons d'indiquer.

3° *Les oiseaux* sont chassés avec des épouvantails : c'est là le seul moyen que l'on devrait employer pour protéger les récoltes contre ces animaux qui, la plupart, dédommagent amplement le cultivateur des pertes qu'ils lui causent par l'immense quantité d'insectes qu'ils détruisent. Aussi devrait-on défendre de tendre aux oiseaux par ce motif.

4° De toutes les classes d'animaux, c'est sans contredit celles des insectes qui commet les plus grands ravages dans les récoltes, et contre lesquels l'homme peut le moins se défendre. Parmi ces insectes, les plus nuisibles dans nos contrées sont :

Les puces de terre (altises), ainsi nommées parce qu'elles sautent à l'instar des puces. Elles font beaucoup de tort, surtout dans les semis de colza, lin, trèfle, choux, navets et même betteraves. La chaux récemment cuite et éteinte les chasse, mais brûle aussi les plantes. Le purin très-chargé et puant est encore un des moyens les plus efficaces de s'en débarrasser.

Les chenilles nuisent beaucoup aux arbres fruitiers, aux choux, etc. On les détruit en tuant leurs œufs dans les fentes de l'écorce des arbres avec de l'eau de chaux vive; en enlevant leurs nids le matin alors qu'elles sont rassemblées; en arrosant les arbres avec du purin ou des décoctions de plantes amères; en faisant brûler des mèches soufrées et les promenant sous les arbres, ce qui fait tomber les chenilles, qu'on peut recevoir sur des draps blancs pour les donner ensuite aux volailles; enfin en tuant les papillons.

Les hannetons nuisent aux arbres, et leurs larves (vers blancs) causent dans certaines terres et dans certaines années des dommages considérables aux récoltes. C'est surtout aux hannetons qu'on doit faire la guerre, parce qu'on prévient ainsi la multiplication des vers blancs, et parce qu'il est d'ailleurs plus facile de les détruire que ces derniers. En secouant ou gaulant les arbres pendant les moments chauds de la journée, on en fait tomber beaucoup qu'on ramasse pour les donner à la volaille ou aux porcs. Des mèches soufrées, brûlées sous les arbres, augmentent l'efficacité de ce moyen. Quant aux vers blancs, on ne peut les atteindre que par des labours profonds, donnés surtout au printemps. On fait suivre la charrue par quelques enfants munis de paniers, et qui ramassent tous les vers qu'ils trouvent. On peut les donner, ainsi que les hannetons, à la volaille et aux porcs. En général, les enfants peuvent se rendre très-utiles en s'occupant de la destruction des divers animaux malfaisants mentionnés ici.

Les limaces font grand tort aux jeunes semailles, surtout dans les automnes pluvieux. On les détruit en répandant la nuit ou vers le soir de la chaux vive ou des cendres non lessivées sur le champ, après quoi on passe le rouleau.

Quant aux *pucerons*, qui parfois nuisent tant aux arbres et même à certaines récoltes, on ne connaît encore aucun moyen simple et facile de les détruire. D'autres insectes qui leur font la guerre et les influences atmosphériques peuvent seuls en diminuer le nombre.

Maladies des plantes. — Quoiqu'on ne puisse y porter remède, on peut quelquefois les éviter en ne cultivant pas les récoltes qui y sont le plus sujettes, dans les circonstances qui occasionnent les maladies.

1° *Le miellat* est un épanchement de séve à l'extérieur, qui a lieu chez beaucoup de plantes, par suite de changements brusques de température, comme, par exemple, une nuit fraîche après un jour très-chaud. Lorsqu'il ne survient pas une bonne pluie immédiatement après l'apparition du miellat, les plantes noircissent; quelques-unes se couvrent de pucerons ou prennent la rouille.

2° *La rouille* tire son nom d'une poussière rougeâtre qui couvre les plantes et qui annule le produit, lorsqu'elle se montre pendant la fleur ou peu de temps après ; aussi, dans ce cas, vaut-il mieux couper la récolte dès les premiers indices pour la donner au bétail. La rouille est moins dangereuse lorsqu'elle vient plus tard. Elle est surtout fréquente dans les terrains bas, humides, situés près des marais ou des rivières, et pour les plantes à tissu lâche et fin.

3° *La carie* (misseron) est une maladie qui attaque seulement le blé et en change la farine en une poussière noire, puante et vénéneuse (empoisonnée). Le grain de semence sur lequel se trouve cette poussière noire, et qu'on appelle grain *bouté*, produit d'ordinaire du blé carié. C'est pour détruire cette maladie qu'on chaule la semence.

4° *Le charbon* (nielle) se distingue de la carie en ce que la balle du grain s'ouvre, et que le grain tout entier s'en va en poussière noire. Cette poussière n'est pas puante et vénéneuse comme celle de la carie, et ne paraît pas contagieuse. Le charbon attaque presque toutes les céréales, et se montre surtout dans les récoltes provenant d'une mauvaise semence.

5° *La coulure* est due à des pluies continuelles et à de grands vents au temps de la floraison. La fructification n'a pas lieu, et la fleur tombe sans produire de graines.

6° Dans les terres trop riches en détritus végétaux ou souffrant de l'humidité, les plantes sont *déchaussées* (soulevées) en hiver, par l'effet des alternatives de la gelée et du dégel, qui soulèvent et rabaissent tour à tour le sol. On évite dans ces terres de cultiver des récoltes hivernales, ou du moins on a soin de les tenir bien égouttées.

§ XXXIV. — *De la récolte.*

On récolte, à la maturité, les plantes cultivées pour la graine, et ordinairement avant cette époque celles qui sont cultivées pour la tige, les feuilles ou les racines. Comme le temps le plus convenable pour la récolte est toujours de courte durée, on doit prendre ses mesures afin de pouvoir profiter du moment favorable et aller vite en besogne.

Pour les grains, il vaut mieux récolter un peu trop tôt que trop tard ; on éprouve ainsi moins de perte, et le grain coupé cinq ou six jours avant sa complète maturité n'en est que meilleur. La même règle s'applique aux fourrages, qu'il est toujours bon de récolter un peu avant la fleur. Cette précaution est surtout nécessaire quand on a une grande étendue de la même récolte ou peu de bras à sa disposition. Les plantes qui mûrissent inégalement se récoltent lorsque la meilleure partie a atteint sa maturité.

Pour les plantes dont on ne récolte que la tige, on se sert de la faucille ou de la faux. La faucille ne s'emploie guère que pour les récoltes à hautes tiges, les blés, les seigles, le colza, etc. Avec la faucille, le grain est plus propre, les gerbes sont mieux rangées, on égrène un peu moins qu'avec la faux, et l'on peut employer des femmes et même des enfants à moissonner. La faux sert partout à couper les fourrages ; dans notre pays, c'est l'instrument dont on fait le plus usage pour récolter le froment, le seigle, l'avoine, etc. Le fauchage a pour lui d'être plus expéditif que le faucillage (on fait trois fois autant de besogne) ; il est moins coûteux, et coupe la paille plus près de terre. Les seigles se *fauchent en dedans* : le faucheur a le champ à sa gauche, et couche le grain qu'il coupe contre celui qui est debout ; des femmes ou des enfants le mettent en javelles. Le froment et les marsages se *fauchent en dehors*, c'est-à-dire comme l'herbe, et sont mis par la faux en andains ou en javelles. Pour le fauchage en dedans, la faux est armée d'une *baguette* ou *playon*, consistant en un ou plusieurs cercles recourbés au bout du manche et destinés à empêcher le grain de tomber par-dessus la faux. Pour faucher les grains en dehors, on met à la faux un *crochet* ou *râteau* qui consiste en plusieurs baguettes parallèles à la lame, et destinées à retenir les épis. Il est très-important que les baguettes soient dans le même plan vertical que la lame, sans quoi elles *fouettent* ou laissent des épis. Les baguettes de fer sont préférables, par cette raison, aux baguettes de bois. Une armature meilleure encore est celle qui consiste en une toile tendue entre le dos de la lame et une baguette de fer qui vient se fixer d'un côté, sur un montant, et de l'autre, vers l'extrémité de la lame. Quelquefois on emploie aussi le playon pour faucher en dehors ; alors le grain est mis en andains.

On fait sécher les récoltes avant de les rentrer. Pour les grains, cela se fait en javelles, en gerbes ou en meulons. *Le javelage*, pendant le mauvais temps, nuit à la plupart des récoltes, surtout au blé et à l'orge ; on doit donc se hâter de lier dès que la paille n'est plus humide et que les herbes qui s'y trouvent sont en partie sèches. On peut lier plus tôt en faisant les gerbes petites ; celles-ci doivent encore rester quelque temps à l'air pour se sécher complétement. Dans ce but, on les place de diverses manières, mais, quelle que soit celle qu'on adopte, il est essentiel que nulle part les épis ne touchent la terre. On place une gerbe debout, et neuf ou dix appuyées contre ; le tout est recouvert d'une gerbe renversée; ou bien, on met douze gerbes en croix, les épis les uns sur les autres, et une gerbe renversée par-dessus le point de jonction; ou bien encore, on place trois gerbes de façon que les épis de l'une reposent sur le pied de la suivante. Sur cette première assise, on en met plusieurs autres disposées de même. De ces trois méthodes, la première est la plus usitée et la plus recommandable.

Lorsqu'il est d'usage de faire des gerbes très-fortes, ou que le grain est mêlé de beaucoup de vert, il vaut mieux, avant de lier, mettre en *meulons*. A cet effet, on plie une javelle en deux, on place d'autres javelles tout autour avec les épis sur la javelle pliée, et l'on continue ainsi, en croisant les épis, jusqu'à quatre pieds de hauteur; on recouvre avec une gerbe renversée. Quand on rentre des récoltes très-sèches et qui s'égrènent très-facilement, on garnit les voitures de toiles, et on charge avec précaution en profitant de la rosée pour effectuer ce travail

§ XXXV. — *Conservation des produits de la terre.*

On conserve les récoltes, soit dans des bâtiments appelés granges ou fenils, soit en meules. Les granges doivent être d'un abord facile, avoir une disposition intérieure qui permette le déchargement prompt des chariots, enfin être exemptes d'humidité tant par le fond que par la toiture. Les meules ou gerbiers sont de grands tas faits avec le fourrage ou avec les gerbes placées les épis en dedans. Les meules demandent à être faites avec beaucoup de soin, sur un sol élevé et battu que souvent on garnit, en outre, de fagots, ou sur un massif de maçonnerie. On élève la meule en l'évasant et en tassant fortement le fourrage et le grain; et lorsqu'on a atteint la hauteur convenable, on termine en forme de toit, et on recouvre avec de la paille disposée à peu près comme dans les couvertures en chaume. Les meules se placent dans les cours ou en plein champ. Avec les bâtiments, on rentre plus vite, la récolte est plus à l'abri, et on ne perd pas autant de grain. Avec les meules, on n'a pas de dépense de bâtisse et de réparation, le grain y est bien garanti des souris et des insectes, et lorsque les récoltes sont rentrées humides, elles sont moins sujettes à se gâter en meules que dans les granges; mais lorsqu'une meule est entamée par le haut, il faut l'enlever en entier, et pour peu qu'elle ne soit pas bien faite, et que sa couverture notamment présente quelque issue à la pluie, la meule tout entière court risque d'être perdue.

On fait aujourd'hui des granges qui ressemblent à des hangars, c'est-à-dire qui ont un toit sans murs, soutenu par des poteaux, et un sol élevé. On les appelle gerbiers à la hollandaise. Ces gerbiers sont aussi bons et moins coûteux que les granges ordinaires, et le grain ou les fourrages s'y rentrent et s'y entassent plus facilement qu'en meules. Les meilleurs sont ceux à toit rond en chaume, glissant sur un poteau élevé qui est planté au centre de l'emplacement. On entasse le fourrage et les gerbes autour de ce poteau, et lorsqu'on a atteint la hauteur convenable, on pose le toit par-dessus, en lâchant la corde avec laquelle on l'avait soulevé. Les grains et les fourrages, en quelque lieu qu'on les conserve, doivent être bien tassés.

§ XXXVI.—*Conservation du grain battu et des racines.*

Après avoir été nettoyé, le grain est mis au grenier, où il est d'abord étendu en couches de six pouces de hauteur, et de trois pouces seulement s'il n'est pas bien sec; plus tard, on peut le mettre à un ou deux pieds d'épaisseur, en ayant soin de le remuer souvent, au moins deux fois par semaine. Le grenier doit être à l'abri de l'humidité et des souris, et avoir de nombreuses ouvertures pour donner accès à l'air, le mieux à deux pieds au-dessus du plancher : on les garnit de grillages pour empêcher les oiseaux de pénétrer dans le grenier.

Dans quelques contrées, on a essayé avec succès de conserver le grain dans des tonneaux de diverses grandeurs, qu'on remplit aux trois quarts et qu'on roule chaque jour sur un chantier. Cette méthode, un peu coûteuse, présente le très-grand avantage de garantir complétement le grain des insectes, en permettant l'emploi de la méthode du *méchage,* que nous mentionnons ci-après. Il est essentiel que le grain, les tonneaux, ainsi que le lieu dans lequel sont placés ceux-ci, soient parfaitement secs. Il faut aussi, de temps à autre, aérer le grain et les tonneaux. Il n'est, du reste, pas nécessaire que ces derniers soient en bois dur et aussi bien confectionnés que les tonneaux destinés à contenir des liquides.

Le grain, dans les greniers, est mangé par les *charançons,* les *teignes* ou *alucites,* et les *fausses-teignes.* Des remuements fréquents peuvent quelque peu diminuer les ravages de ces insectes. Quelques personnes, afin de les détruire, mettent aussi dans leurs greniers des *hoche-queue* (oiseaux) et des fourmis noires, qui leur font la chasse; néanmoins, les seuls moyens efficaces de s'en débarrasser complétement, c'est de faire sécher le grain à une haute température, ou bien de le mettre et de le laisser quinze à vingt minutes dans un tonneau qui vient d'être fortement *méché* (dans lequel on a brûlé du soufre). On peut se servir, à cet effet, d'un tonneau à large bonde, sur laquelle on place une trémie pour y verser le grain. On remplit le tonneau aux deux tiers, puis on ferme la bonde, et on le roule à plusieurs reprises pour que le grain s'imprègne bien du gaz qui se dégage dans la combustion du soufre.

Les *racines* (pommes de terre, betteraves, carottes, navets) se conservent dans des caves, des selliers ou des silos. Ces derniers sont des fosses de deux à trois pieds de profondeur sur trois à quatre de largeur, et d'une longueur quelconque. On y dépose les racines en les amoncelant en toit ; on les recouvre d'un peu de paille, puis d'un à deux pieds de terre bien battue à la pelle, et élevée de même en forme de toit, afin que la pluie s'en écoule facilement ; pour empêcher l'humidité d'y pénétrer, on creuse tout autour un fossé plus profond que le silo. On ménage dans le haut du silo quelques ouvertures ou cheminées faites avec deux tuiles creuses qui descendent jusqu'aux racines ; c'est afin que l'air pénètre dans l'intérieur du silo et que les racines ne s'échauffent pas. On recouvre ces cheminées d'une autre tuile creuse lorsqu'il pleut, et on les bouche avec de la paille lorsqu'il gèle. La figure suivante représente un silo du genre de celui dont nous venons de faire la description.

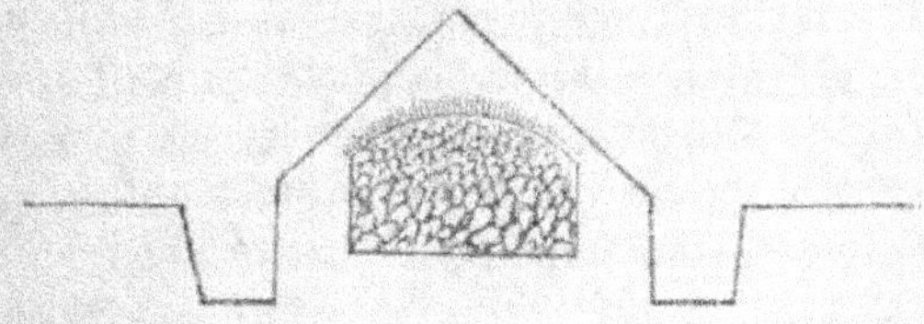

§ XXXVII. — *Battage des grains.*

On bat avec le *fléau*, avec des *chevaux* et avec des *machines*. Le battage au fléau est le plus généralement usité. Cette méthode brise le moins la paille, et la sépare assez bien du grain lorsque les batteurs sont habiles. On a plusieurs méthodes de battage. La meilleure est celle qui est employée dans la province de Brabant, et qui consiste à ne battre qu'une ou deux gerbes à la fois ; trois, quatre ou cinq batteurs se mettent alors ensemble. La gerbe passe cinq fois sous le fléau ; deux fois avant d'être déliée, deux fois après l'avoir été, et une fois lorsque la paille en est plus ou moins mêlée. Lorsque le battage se fait avec soin, un bon batteur bat environ 45 gerbes (à 25 livres) par jour, qui rendent 120 à 140 litres de grain.

Le battage avec les chevaux ne s'emploie que pour le colza, la navette, le millet et autres plantes qui s'égrènent facilement ; il s'effectue dans le champ même et sur une bâche tendue. Dans ce battage, on enlève avec soin la fiente des animaux, et on secoue et retourne souvent la paille.

Les machines à battre sont de diverses formes et de diverses grandeurs. Bien construites, elles font un travail plus parfait, plus expéditif et surtout moins cher que celui au fléau ; mais elles ne conviennent que dans les fermes d'au moins 40 à 50 hectares de terres arables. Il y a, en Belgique, plusieurs fabriques de machines à battre ; mais, en général, les produits qui en sortent laissent beaucoup à désirer. Les meilleures machines que l'on connaisse maintenant sont celles que l'on construit en Angleterre. **MM.** Ransomes et May d'Ipswich, dans le Suffolkshire, ont, sous ce rapport, acquis une réputation justement méritée. Les machines à quatre chevaux qu'ils livrent au prix de 1,500 fr. ont une puissance incroyable ; il suffit, pour en donner une idée fidèle, de mentionner qu'il faut quinze personnes pour la desservir, et qu'elle égrène 90 à 95 hectolitres de blé en dix heures de travail.

Il y a un quatrième genre de battage, appelé *chaubage* ou *battage au tonneau*, qui est employé pour battre le grain de semence, le seigle dont on veut conserver la paille intacte, ainsi que le chanvre. On place debout sur le sol de la grange un tonneau défoncé par le haut. On frappe les objets qu'on veut battre, d'abord contre la paroi interne de ce tonneau, ensuite contre son bord supérieur. On se sert aussi d'une table ou d'une simple planche au lieu du tonneau, qui cependant vaut mieux.

§ XXXVIII. — *Vannage dv grain.*

Après que le grain est battu, on le sépare des semences de mauvaises herbes et de la *menue paille*, soit en le jetant contre le vent, soit en le faisant passer par des *cribles*, ou par le *tarare* (grand van), qui réunit l'action du vent à celle des cribles. On obtient le grain le plus propre en le faisant passer d'abord au tarare, ensuite au *grand riye*, qui est un crible pendu à une corde et auquel on imprime un mouvement de rotation et de balancement qui amasse toutes les mauvaises graines en dessus. Le tarare ne devrait manquer dans aucune ferme.

CHAPITRE VI.

DE LA CULTURE SPÉCIALE DES PLANTES.

—

SECTION I. — DES CÉRÉALES OU RÉCOLTES A GRAINS.

Les céréales appartiennent à cette famille de plantes qu'on appelle *graminées;* elles se distinguent des autres graminées par des graines plus fortes et plus farineuses. Les céréales se divisent en *céréales d'hiver* (ou d'automne), et en *céréales d'été* (ou de printemps). Parmi les premières, on range le froment, l'épeautre, le seigle, l'engrain, l'orge d'hiver, le blé amidonnier d'hiver; parmi les secondes (qu'on appelle aussi *marsages* ou *marséges*), l'avoine, l'orge de printemps, l'épeautre de printemps, le froment de printemps, le seigle de printemps, le maïs et le millet. Les céréales d'automne donnent généralement un produit plus élevé que les céréales de printemps; car en automne, ces plantes, par l'influence de l'humidité, peuvent mieux taller et acquérir une croissance plus vigoureuse; tandis qu'au printemps, par l'augmentation successive de la température, elles poussent en tiges avant d'avoir bien tallé. La culture des céréales a une très-grande importance pour nos contrées; notre climat leur est bien moins préjudiciable qu'aux autres plantes cultivées. Elles forment la base de la nourriture de l'homme, ce qui leur fait toujours trouver un débit assuré sur tous les marchés. La paille qu'elles produisent en abondance sert de nourriture et de litière aux animaux, et devient ainsi, lorsqu'elle est confiée au sol, une source féconde de nourriture pour les autres générations qui lui succèdent.

§ XXXIX. — *Du froment.*

Le froment tient le premier rang parmi les céréales; son grain, qui est le plus pesant de tous, donne la farine la plus blanche et le pain le plus nourrissant et le plus savoureux. Les froments cultivés peuvent être divisés en deux séries principales :

1° Celle des *froments* proprement dits, à grain libre ou nu, se séparant de la balle par le battage;

2° Celle des *épeautres* ou froments à balles adhérentes.

La première série comprend les quatre groupes ou espèces qui suivent : froment ordinaire ou blé fin; froment renflé, gros blé, poulard ; froment dur ou corné; froment de Pologne.

Le *froment ordinaire* se divise en blé d'*automne* et blé de *mars*. Chacun de ces groupes a, en outre, plusieurs variétés qui diffèrent par la forme de l'épi et surtout par la couleur du grain. Les variétés à *grains blancs* donnent la meilleure farine et s'accommodent mieux que les *rouges* d'un sol léger; mais elles s'égrènent plus facilement et craignent davantage l'humidité.

Les *gros blés* ou *poulards* sont tous d'automne. Ils ont des barbes et une paille pleine et dure. Il sont plus rustiques, plus vigoureux et plus productifs que les blés fins; moins sujets à verser ou à se rouiller, et plus propres aux terrains trop riches, bas et humides, ou nouvellement défrichés. Mais leur grain est d'une qualité inférieure, et leur paille n'est bonne que pour litière. Leur culture étant au reste la même que celle des blés fins, nous les comprendrons dans le groupe des froments d'hiver.

§ XL. — *Du froment d'hiver.*

Le froment d'hiver, de même que toutes les céréales semées en automne, est, comme nous l'avons déjà dit, plus productif et d'une réussite plus assurée que le froment de mars. Un sol riche, assez compacte et un peu calcaire, est celui qui lui convient le mieux. Il ne réussit pas dans les terres sablonneuses, et s'accommode mal d'un sol trop pulvérisé. La meilleure place pour lui, dans les terres fortes, est sur la jachère. Il réussit très-bien encore après un beau trèfle, après du colza, des fèves, des pois et des vesces coupées en vert et retournées tout de suite. Après ces récoltes, surtout après le trèfle, un seul labour suffit ordinairement. Le blé vient moins bien après les racines (pommes de terre, betteraves, carottes), à moins qu'elles n'aient été récoltées de bonne heure. Il vient mal sur une autre céréale, surtout sur lui-même. Cette pratique de mettre deux blés de suite se nomme *rantouillage*. Excepté dans quelques circonstances particulières, le rantouillage est une fort mauvaise opération. On fume plutôt pour la récolte qui précède que pour le blé, à moins qu'on ne fasse jachère ; dans ce cas, on conduit le fumier au printemps ou en été, et on donne plusieurs labours après l'avoir répandu, afin de le bien mélanger avec la terre. On n'enfouit le fumier par le dernier labour que lorsqu'on fume très-peu. On sème du 15 septembre au 15 novembre, de 150 à 225 litres par hectare, suivant les circonstances du terrain, du climat, etc., comme il a été indiqué au § XXV, et on recouvre à la herse, ou à l'extirpateur. Les semailles hâtives sont ordinairement les meilleures. Pour prévenir la carie, on chaule la semence de blé. Cette opération se fait de diverses manières. La meilleure paraît être la suivante, proposée par M. de Dombasle. Plusieurs jours à l'avance, on fait dissoudre du sulfate de soude dans de l'eau, en remuant bien celle-ci. Cette eau sulfatée est versée à plusieurs reprises sur le grain mis en tas et qu'on remue vigoureusement à la pelle, afin que tous les grains en soient humectés. Immédiatement après, on répand, sur le tas, de la chaux que l'on vient d'éteindre et de réduire en poudre en l'arrosant d'eau. On continue de remuer le grain à la pelle et de répandre de la chaux, jusqu'à ce que chaque grain en soit couvert. Pour le chaulage d'un hectolitre de blé, il faut environ une livre cinq onces de sulfate de soude, huit litres d'eau, qui sert à le dissoudre, et huit livres de chaux vive. Le sulfate de soude, qui est à bon marché, se vend chez les droguistes.

Lorsque la terre est trop riche, l'année humide et la semaille trop épaisse, le blé *verse* (se couche avant d'être mûr); il ne rend alors que peu. Quand on redoute ce danger, on *effiole* au printemps, c'est-à-dire on coupe le bout de la plante. Si, au contraire, la semaille est chétive au sortir de l'hiver, on y répand quelque engrais en poudre. Si la terre n'a pas été soulevée par les gelées, rien n'est meilleur pour le blé, de même que pour les autres grains, qu'un fort hersage au printemps. S'il est déchaussé, un coup de rouleau fait du bien. 10 à 12 hectolitres par hectare sont un faible produit; 18 à 20 hectolitres, un produit moyen; 25 à 30 hectolitres, un produit élevé. L'hectolitre pèse environ 75 kilogrammes, et vaut autant que 135 litres de seigle. Le produit en paille varie entre 4,500 et 5,000 kilogrammes. L'humidité du sol et du climat, une fumure fraîche, une semaille épaisse, favorisent la production de la paille plus que celle du grain.

§ XLI. — *Du blé de mars.*

Ce grain convient mieux que celui d'automne dans les montagnes et dans les terrains sujets aux inondations ou au déchaussement pendant l'hiver. Il convient également mieux que le blé d'hiver, après des racines récoltées tard. Il sert fréquemment à remplacer les blés détruits pendant l'hiver, et, par cette raison, on devrait en semer tous les ans quelques ares dans chaque grande ferme, afin d'en conserver la semence. Il lui faut, pour réussir, une année humide et un sol riche. On sème en mars ou avril, un peu plus dru que pour le froment d'automne (225 litres par hectare). Il rend moins que ce dernier; même dans les bonnes années, il ne produit que les deux tiers, au plus, en grain et en paille, et il est très-sujet à la rouille et au charbon.

La seconde série des froments comprend trois espèces : l'*épeautre*, l'*engrain* ou froment *locular*, le *blé amidonnier*. Les froments de cette série se distinguent des autres en ce que le grain est adhérent à la balle. Pour l'en séparer, on le fait passer sous la meule. Aussi, ne peut-on cultiver ces froments que dans les localités où les meuniers entendent cette opération.

§ XLII. — *De l'épeautre.*

L'*épeautre* exige la même culture, le même traitement que le froment, excepté qu'il supporte mieux un terrain sec et qu'il est moins difficile sur les récoltes qui le précèdent. Il souffre moins aussi de la rapine des oiseaux et de la carie que le froment, mais davantage de la rouille. Il rend un peu moins bien entendu lorsqu'il est dépouillé de sa balle, et sa farine est moins nourrissante. L'hectolitre d'épeautre pèse 42 kilogrammes, et donne environ 42 litres de grain écossé. On le sème dans sa balle, à raison de 4 à 5 hectolitres par hectare. L'épeautre de printemps est peu cultivé.

§ XLIII. — *De l'engrain* (*blé locular, petit épeautre, riz sec*).

L'engrain rend peu, mais réussit dans les contrées les plus froides et dans les sols les plus arides ; sa farine est d'ailleurs excellente. Il est peu sujet aux diverses maladies qui atteignent les autres blés, talle beaucoup et verse rarement. On peut le semer jusqu'à Noël, à raison de 360 litres de grain dans sa balle, qui font 150 litres de grain écossé ; il rend huit à dix fois la semence. On ne le coupe que bien mûr, et on le rentre tout de suite, parce que la pluie lui fait tort.

§ XLIV. — *Du blé amidonnier.*

Cette variété ne présente d'autre avantage que de se contenter d'un sol pauvre, de supporter facilement la sécheresse, de donner un assez bon produit, et d'avoir une paille très-forte qui la rend propre à ramer des pois et des vesces. Du reste, sa farine est moindre que celle des autres froments. On le sème en automne ou en mars et avril.

§ XLV. — *Du seigle.*

Cette céréale tient le premier rang après le blé ;

pour beaucoup de contrées, il constitue même la récolte la plus importante et fournit le grain ordinaire pour la confection du pain, qui est moins bon et moins blanc que celui de froment, mais aussi sain, et se conserve plus longtemps frais. On ne connaît qu'une espèce de seigle, qui est d'automne et de mars.

1° *Le seigle d'automne* réussit encore dans les lieux qui sont trop froids pour le blé. Il craint cependant les gelées tardives quand il est monté en tige, surtout lors de la fleur. Quand il souffre de la gelée à cette époque, on doit le faucher ; il repousse, et peut encore donner une récolte passable, quoique plus tardive et moins abondante. Le seigle veut une terre meuble et légère ; il se contente d'un sol pauvre, et réussit même dans les sables lorsque le climat est humide. Il épuise et salit peu la terre. On lui donne, dans l'assolement, la même place qu'au blé ; quelquefois on le met aussi après du froment et après lui-même au lieu de marsage. Il craint moins le rantouillage que le froment ; néanmoins, cette pratique doit être évitée en bonne culture. Une préparation soignée du sol est nécessaire, surtout dans les terres compactes, car le seigle veut être semé dans la poussière. Il vient très-bien sur des prés ou pâturages rompus, ou sur des défrichements de bois ; moins bien après des racines, où, contrairement au blé, il donne peu de paille. Une fumure fraîche (surtout d'engrais vert) lui est très-convenable. On sème sur vieux labour de trois semaines à un mois la même quantité de semences que pour le blé. L'époque de la semaille est du commencement de septembre à la mi-octobre. Les semailles tardives rendent peu, surtout en paille. Le seigle se recouvre un peu moins que le blé. On ne récolte que lorsque le grain est dur, car le seigle ne mûrit pas, comme le blé, en javelles ou en gerbes ; d'ailleurs il ne s'égrène pas. Il donne des produits un peu supérieurs en grain et en paille à ceux du blé. Le seigle est sujet à la miellée ; il est en outre atteint d'une maladie particulière, *l'ergot* (vole-seigle) ; elle n'attaque sur chaque épi qu'un ou deux grains qui s'allongent outre mesure et deviennent noirâtres. On doit séparer avec soin ces graines qui sont souvent en grand nombre dans certaines années, car leur farine est un poison violent. Le seigle est souvent semé, soit seul, soit avec des vesces, pour fourrages, à cause de sa précocité. On commence à le couper dès qu'il monte, et l'on cesse lors de l'épiage (quand les épis sont sortis), parce qu'il devient alors très-dur. On le sème aussi fréquemment avec le froment. Ce mélange, que l'on nomme *méteil*, réussit mieux que le froment seul dans des terrains légers, et, comme tous les mélanges, il donne plus que si chaque espèce avait été semée à part. On sème maintenant en Belgique une variété de seigle appelée *seigle de Rome*, qui paraît beaucoup plus avantageuse que la variété ordinaire ; ses épis sont plus longs, son grain plus volumineux et sa paille plus haute. Les cultivateurs feront bien de l'essayer.

2° *Le seigle de printemps* mériterait d'être plus répandu dans nos contrées. Il se sème en mars et avril et exige le même sol, les mêmes cultures et le même traitement que celui d'automne ; il vient encore dans des climats trop froids pour le seigle d'hiver, et préfère en général une année humide et froide. Sa place ordinaire est après une céréale d'hiver ou après des racines récoltées trop tard. Pour ne pas le mettre sur labour frais, on donne une façon avant l'hiver, et au printemps on donne un coup d'extirpateur. Il rend presque autant en paille que le seigle d'hiver, et environ un quart de moins en grain, mais sa farine passe pour meilleure. Pour faire réussir des pois et des vesces dans des terres sablonneuses, on les sème avec du seigle de printemps qui les rame. Le tout mûrit ensemble, et la graine peut être facilement séparée dans les vannages.

On cultive en Allemagne une variété de seigle qu'on nomme *seigle de la Saint-Jean*, parce qu'elle se sème vers cette époque. Elle pousse assez pour qu'on puisse la faucher avant l'hiver pour le bétail. L'année suivante, elle donne une récolte presque aussi abondante que le seigle ordinaire.

§ XLVI. — *De l'orge.*

L'orge est, de toutes les céréales, celle qui croît le plus vite, et qui est la plus exempte d'accidents. Elle donne un produit considérable en grain, qui est très-propre à la fabrication de la bière et à l'engraissement du bétail, mais qui ne convient pas seul à la panification. Pour le faire servir à cet usage, il faut le mélanger avec du froment ou du seigle. On cultive plusieurs espèces d'orges, dont les principales sont : *l'orge commune à deux rangs, l'orge nue à deux rangs, l'orge éventail, l'orge carrée ordinaire, l'orge carrée nue ou l'orge céleste, l'orge à six rangs;* cette dernière est d'hiver et d'été. L'orge, en général, ne réussit bien que dans une terre franche, meuble et riche. Les terres sablonneuses ne lui conviennent que dans les années humides; elle n'aime pas une fumure fraîche, et réussit mieux quand on a fumé pour la récolte qui précède; mais elle veut un ameublissement et un nettoiement complets du sol. Dès qu'elle est mûre, on doit moissonner, parce que les épis se brisent facilement.

1° *L'orge d'hiver* ou *escourgeon* réussit encore dans

nos pays. Cependant elle y souffre dans les hivers rigoureux. Elle vient mieux que l'orge d'été dans un terrain sec, parce qu'elle se couvre de bonne heure. On met l'orge d'hiver sur jachère, ou après du colza, des féveroles, des pois, quelquefois aussi, quoique à tort, après du seigle et de l'avoine; dans tous les cas, il lui faut plusieurs labours. Elle se sème un peu avant le seigle et de la même manière que celui-ci. Les hersages au printemps lui sont favorables. Elle mûrit dix ou quinze jours avant le seigle, et rend en grain 30 à 45 hectolitres par hectare, et en paille, autant que le froment.

2° *L'orge de printemps.* On cultive principalement l'orge à deux rangs ou grande orge, qui a le grain le plus gros, et l'orge carrée à petits grains et à tiges basses.

L'orge d'été réussit dans presque tous les climats; la petite orge est néanmoins sensible au froid lorsqu'elle commence à pousser, et ne se sème qu'en mai par cette raison. L'orge à deux rangs se sème en avril. On répand par hectare trois hectolitres de semences, qu'on recouvre à la charrue ou à la herse; le sol doit être parfaitement ressuyé. Pour la petite orge, qui se contente d'un terrain pauvre, il faut plusieurs labours de printemps; pour la grande espèce, on se borne souvent à un coup d'extirpateur, lorsqu'on a labouré avant l'hiver. On sème l'orge après une céréale d'hiver, mais elle souffre alors beaucoup des mauvaises herbes; mieux vaut la mettre après une récolte sarclée. Un javelage prolongé nuit à l'orge en noircissant les grains, ce qui lui fait perdre de sa valeur. L'orge d'été rend de 14 à 35 hectolitres par hectare, et environ les deux tiers du produit du froment en paille. La paille d'orge est considérée dans plusieurs contrées comme la meilleure pour la nourriture du bétail. L'orge vaut en volume moitié moins que le froment.

3° *L'orge éventail* a un grain meilleur que la grande orge. Elle donne un produit un peu plus élevé, est très-rustique, mais exige un terrain plus fort et plus riche que les autres espèces. On la sème de bonne heure.

4° *L'orge nue à deux rangs* et *l'orge céleste*. Ces deux espèces se distinguent des autres par leur grain, qui est dépouillé de sa balle comme celui du blé. Il donne, par cette raison, une farine très-blanche et très-bonne pour la panification. Ces espèces craignent peu le froid, rendent beaucoup en grain et en paille, qui est de bonne qualité ; mais elles demandent une terre fertile et bien préparée, et elles s'égrènent facilement à la moisson : elles seraient pourtant fort avantageuses, surtout dans la petite culture.

L'orge en général n'est sujette qu'au charbon et quelquefois à la rouille. Cette récolte, principalement la variété d'hiver, est quelquefois cultivée pour la nourriture du bétail, et donne, seule ou mélangée, un excellent fourrage avant l'épiage.

§ XLVII. — *De l'avoine.*

L'avoine est, de même que le seigle, d'une grande ressource pour les contrées montagneuses et pauvres. Il y en a plusieurs espèces, à grains blancs, jaunes et noirs, mais toutes se cultivent de même, excepté que les avoines dites *chaudes* se sèment et se récoltent un peu plus tôt que les autres. L'avoine aime un climat humide, mais ne craint ni la sécheresse ni le froid. Elle réussit dans les terres les plus sableuses comme dans les plus fortes ; mais elle ne donne un produit élevé que dans les terres franches ou argileuses et riches surtout en détritus végétaux, comme les défrichements de prairies naturelles ou artificiélles, de pâturages et de bois, les marais et les étangs desséchés. La place ordinaire de l'avoine est la même que celle de l'orge. Elle n'exige pas une préparation aussi soignée du terrain; cependant elle paye bien les cultures qu'on lui donne. Une très-bonne préparation dans les terres fortes consiste à donner un labour profond avant l'hiver, au printemps un coup de herse; puis, lorsque les graines des mauvaises herbes ramenées en dessus ont commencé à germer, on sème et on les détruit en recouvrant la semence à l'extirpateur. Le grain trouve ainsi une terre meuble, qui garde sa fraîcheur; il lève promptement et ne souffre pas des hâles. Cette méthode peut s'appliquer aussi aux autres récoltes de printemps.

L'avoine se sème en mars ou avril à raison de 250 à 350 litres par hectare. On recouvre à la herse ou à l'extirpateur, et on roule après la semaille. Lorsque les mauvaises herbes et surtout la *folle avoine* infestent la récolte, on la herse fortement. On récolte quand la plus grande partie est mûre, et on laisse javeler pendant cinq à six jours, ce qui rend le grain meilleur mais la paille moins bonne. Le produit, par hectare, varie de 20 à 60 hectolitres de grain, et de 1,500 à 4,000 kilogrammes de paille, laquelle est fort bonne pour la nourriture du bétail lorsqu'elle a peu javelé.

1° *L'avoine d'hiver* n'est pour ainsi dire pas cultivée en Belgique; elle ne réussit d'ailleurs que dans les hivers doux. On la sème en septembre, et elle donne un produit plus considérable et meilleur en grain et en paille que les espèces de printemps.

2° *L'avoine d'Orient* ou *de Hongrie* se distingue des autres espèces en ce que les grains pendent du même côté. Elle rend davàntage, mais elle exige un sol meilleur, se récolte plus tard et se bat plus difficilement que l'avoine commune.

3° *L'avoine nue* a le grain dépourvu de balle et semblable au seigle. Elle convient peu à la nourriture des chevaux, mais peut servir, en mélange, à faire du pain et surtout une excellente semoule; elle n'est pas d'un grand rapport, quoique tallant beaucoup.

L'avoine, comme tous les grains en général, est d'autant meilleure qu'elle a plus de poids. Nuls grains ne varient davantage sous ce rapport; il y en a qui pèsent 35 kilogrammes, d'autres jusqu'à 55 kilogrammes l'hectolitre; le prix se règle là-dessus. Les avoines *chaudes* pèsent d'ordinaire le plus. L'avoine est semée quelquefois pour fourrage, soit seule, soit en mélange, et donne, en sec et en vert, une nourriture abondante et de bonne qualité, surtout pour les vaches. Elle est aussi semée dans quelques contrées en mélange avec de l'orge; c'est ce qu'on nomme *orgis*. Ce mélange donne un bon produit dans certaines années.

§ XLVIII. — *Du millet.*

On en cultive de deux espèces, le millet commun et le millet à épis (*panicum italicum*). La première est la plus répandue.

1° *Le millet commun* produit une graine estimée pour la nourriture de l'homme, et fournit, de toutes les céréales, la meilleure paille pour la nourriture du bétail. Il y a plusieurs variétés de millet. qui se distinguent par la couleur de la graine. Cette plante demande un été chaud, supporte les plus grandes sécheresses, mais périt par la moindre gelée; cependant, comme elle croît très-vite, elle vient encore dans les contrées froides. Le millet veut un sol léger, et réussit dans les terrains très-secs, pourvu qu'ils soient fumés. On le met après une céréale d'hiver, après des récoltes sarclées et surtout sur prairies naturelles ou artificielles rompues, et dans les marais et étangs desséchés. Le sol doit être parfaitement ameubli et nettoyé par plusieurs cultures. Si on fume, on conduit l'engrais avant l'hiver, ou avant le premier labour de printemps. On sème, dans le courant de mai, 30 à 35 litres par hectare; les premières semailles sont les plus belles. Pour bien venir, le millet demande des binages ou de forts hersages lorsque le terrain se salit et se durcit. La maturité est très-inégale; on laisse la récolte un peu javeler, après quoi on peut la mettre en meulons, ou la rentrer dans des voitures garnies de bâches. On bat tout de suite au fléau, et on fait ensuite sécher la paille.

2° *Le millet à épi* ou *panis* passe pour donner un produit plus élevé que le précédent, et sa paille est meilleure, mais son grain est de moindre qualité. Il veut un terrain plus fort, et a besoin, pour mûrir, de cinq mois au lieu de trois à quatre; aussi le sème-t-on plus tôt. Il mûrit plus également, mais s'égrène de même. Le millet (surtout la variété nommée *moha* ou *millet de Hongrie*) est souvent cultivé pour la nourriture du bétail; il donne aussi une masse considérable d'un fourrage excellent en vert et en sec.

§ XLIX. — *Du maïs.*

La grande utilité de ce grain pour les hommes et les bestiaux est connue. Il y en a un grand nombre de variétés.

1° *Le maïs ordinaire* ou *grand maïs* à gros grains

jaunes donne parfois dans nos provinces du centre
d'excellents produits; mais il n'y réussit bien que
dans les années chaudes et sèches et dans les terrains
légers. Il vient après toute espèce de récolte, pourvu
que le sol ait reçu un labour profond et d'autres cultures superficielles. On le sème quelquefois après du
trèfle incarnat dont on a fait une coupe en vert.
Comme plante sarclée, c'est-à-dire comme plante qui
est binée et sarclée pendant qu'elle est sur pied, le
maïs remplace la jachère. Il veut une forte fumure.
La semaille se fait dès qu'il n'y a plus de gelées à
craindre, depuis la mi-avril jusqu'en juin ; semé tard,
il devient plus fort, mais il mûrit difficilement. On le
sème en lignes, distantes de deux ou trois raies de
charrue (24 à 30 pouces), et on met, par pied de
longueur, deux à trois grains qu'on recouvre peu.
On donne au maïs plusieurs binages, et lorsqu'il a
18 à 24 pouces, on le butte fortement. On laisse les
plantes dans les lignes à 12 ou 18 pouces de distance,
et on supprime toutes celles qui sont de trop, de
même que les rejets du pied et, plus tard, les épis
surabondants (on n'en laisse que deux ou trois sur
chaque pied). On supprime également le sommet de
la tige (la fleur mâle) au-dessus du dernier épi, lorsque la fécondation a eu lieu, ce qui se reconnaît au
desséchement des barbes qui pendent de l'épi. Toutes
ces parties forment une excellente nourriture pour le
bétail. On récolte dès que l'enveloppe de l'épi est
desséchée et que le grain est dur. On détache alors
les épis, et on les étend sur un grenier après en avoir
ôté les enveloppes, ou l'on retrousse celles-ci et on
pend les épis dans un lieu sec et bien aéré. Lorsqu'on
en a beaucoup, on les entasse, après les avoir effeuillés,
dans une espèce de cage élevée sur des piliers, faite
à claire-voie, et recouverte d'un toit de chaume.

Enfin on les sèche aussi au four, ce qui donne un excellent goût à la farine, mais détruit la faculté germinative des grains. Après avoir enlevé les épis, on coupe les tiges; elles servent à la nourriture du bétail, qui en est très-friand. Il en est de même de l'enveloppe de l'épi, dont on fait en outre de bonnes paillasses. L'égrenage s'opère au fléau ou à la main, en frottant l'épi contre un bord tranchant et dur. Le grain destiné pour semence ne s'égrène qu'au moment de la semaille. L'autre grain s'étend en couche mince sur un grenier aéré. Le produit en grain varie entre 20 et 70 hectolitres; celui en paille et *panouille* (axe de l'épi), entre 2,000 et 6,000 kilogrammes par hectare.

2° *Le maïs quarantain* est plus petit, donne moins, mais vient plus vite, et réussit plutôt chez nous que la grande espèce.

Le maïs est souvent cultivé pour fourrage, et il permet de tirer ainsi le plus de nourriture possible d'un sol léger, pourvu qu'on l'ait fumé convenablement. On le sème à la volée ou en lignes, mais plus dru qu'à l'ordinaire, et on le coupe lorsqu'il est en pleine floraison. C'est un des meilleurs fourrages qui existent pour les vaches. Le maïs est sujet au charbon, et souffre des grands vents, des oiseaux et des souris.

SECTION II. — DES FARINEUX.

Quoique ne pouvant servir à la confection du pain, les farineux ne laissent pas d'être fort importants, car leurs grains constituent les aliments les plus nutritifs du règne végétal, et leur paille est bien préférable à celle des céréales; ils paraissent, en outre, moins épuiser le sol que ces dernières; mais ils sont plus casuels et plus exigeants sur la qualité du terrain.

§ L. — *Des pois.*

Il y en a de plusieurs espèces et variétés qui se distinguent par la couleur et la forme des grains, par le port de la tige, et par leur précocité, mais qui, du reste, se cultivent à peu près de même. Les pois gris, qui forment une espèce à part, sont consacrés exclusivement au bétail; les jaunes et les verts, principalement ces derniers, servent à la nourriture de l'homme, et sont plus souvent cultivés dans les jardins que dans les champs. Cependant, les variétés connues sous le nom de *pois de Clamart*, *pois Michaux de Hollande*, et surtout les *pois à cosse violette*, se cultivent fréquemment en plein champ.

Le sol qui convient le mieux aux pois est une terre franche, un peu calcaire. Ils ne réussissent dans les terrains sablonneux que par des années humides, et réciproquement. On met ordinairement les pois dans la jachère, mais à moins d'un sol très-convenable, ils y viennent mal; la terre est alors très-salie et fort appauvrie, tandis qu'après une belle récolte de pois, elle est très-propre et n'a pas perdu autant de sa richesse. Il vaut mieux, pour cette raison, les mettre dans la saison des marsages et des céréales d'automne. Ils réussissent, du reste, avant et après toute espèce de récoltes, excepté après eux-mêmes; on ne peut les faire revenir que tous les huit ou dix ans dans le même terrain. Un sol qui n'est pas assez riche doit être fumé, s'il se peut, avant l'hiver, mais modérément, sans quoi les pois versent et fleurissent constamment sans *nouer* (sans porter fruit), ce qui a lieu aussi dans les terres humides. On peut également ment fumer en couverture. La préparation du terrain est la même que pour l'avoine. Un labour profond

est nécessaire, et il n'est pas mauvais que le sol reste
motteux. On sème depuis la mi-mars jusqu'en mai,
deux à trois hectolitres par hectare; les semailles
hâtives sont les meilleures, excepté pour quelques
variétés délicates. On recouvre à la charrue ou à
l'extirpateur. Lorsque les pois sont levés, on herse,
et plus tard on sarcle si le terrain est sale et dur.
On accroît le produit, surtout celui de la paille, en ra-
mant au moyen de baguettes, de même qu'en plâtrant;
mais cette dernière opération rend les grains plus durs
à cuire, et les rames augmentent les frais de culture
et les difficultés de la récolte. On récolte lorsque
la plupart des gousses inférieures sont mûres, quand
même il y aurait encore des fleurs. Les pois sont laissés en andains, qu'on retourne avec précaution jusqu'à
ce qu'ils soient secs. On les charge, sans les secouer,
sur des voitures garnies de bâches. Il n'est pas pru-
dent de lier au champ, parce qu'on égrène. Le produit
varie considérablement selon les terrains et les années; on peut regarder cependant comme moyenne
15 hectolitres de grains, et 1,000 à 1,500 kilogrammes
de paille par hectare. Les pois se vendent souvent aussi
cher que le blé; la paille, bien rentrée, vaut presque
le foin, surtout pour les moutons. Les pois peuvent
être mis dans le pain. On remarque que, dans les pays
où les habitants de la campagne en mangent beaucoup,
ils sont plus robustes que dans les contrées où ils se
nourrissent principalement de pommes de terre. Moulus ou trempés, les pois sont donnés aux bêtes à
cornes, aux moutons et aux porcs qu'on engraisse.

Les pois d'hiver sont des pois gris qui se sèment
en septembre ou octobre, se récoltent quinze jours à
trois semaines avant les autres, et donnent un produit plus élevé. Ils supportent les hivers ordinaires
de nos contrées, et mériteraient d'y être cultivés

davantage. Les pois d'hiver sont fréquemment cultivés comme fourrage, mais plus souvent en mélange que seuls, à cause de la cherté de la graine. Le bétail en est très-avide. On récolte en fleurs pour les vaches; un peu plus tard pour les chevaux et les moutons.

§ LI. — *Des vesces.*

Leur culture est à peu près la même que celle des pois, mais elles demandent une terre plus forte et plus d'humidité. Elles craignent moins une préparation incomplète du terrain, peuvent aussi revenir plus souvent que les pois dans le même sol, et s'accommodent en général de toutes les places, pourvu que la terre soit assez riche. On en cultive principalement deux variétés : l'une d'été, l'autre d'hiver.

1° *Les vesces de printemps* se sèment depuis mars jusqu'en juin, mais les semailles tardives sont casuelles. Les vesces ayant des tiges faibles sont ordinairement semées avec des féveroles, du seigle de printemps, de l'avoine ou de l'orge, qui mûrissent en même temps, les rament et donnent en outre un produit satisfaisant lorsque les vesces manquent. Ce mélange, qu'on appelle *dravières* dans plusieurs contrées, rend, comme tous les méteils, plus que si chaque récolte avait été semée à part. On répand par hectare 175 à 200 litres de vesces avec 30 à 50 litres de féveroles, seigle, etc., etc.; on recouvre à la herse ou à l'extirpateur. Les vesces n'ont pas besoin de culture pendant leur croissance; elles couvrent si bien le sol, lorsque celui-ci leur convient, qu'elles étouffent toutes les mauvaises herbes, et le laissent après elles propre et peu épuisé. On récolte lorsque les premières gousses sont mûres. Le produit moyen est égal à celui des pois.

Les vesces ont la même valeur que le seigle. Elles sont quelquefois mises dans le pain ; mais leur emploi ordinaire est pour la nourriture des moutons et des chevaux, auxquels on les donne souvent non battues, ce qui n'est pas économique, attendu qu'il se perd ainsi beaucoup de grain ; moulus, elles servent à l'engraissement des bœufs.

2° *Les vesces d'hiver* ne se cultivent guère en Belgique ; elles résistent cependant aux hivers ordinaires dans celles de nos provinces qui jouissent d'un climat heureux, et s'eccommodent, plutôt que les vesces d'été, d'un sol léger et pauvre. Pour ramer leurs tiges très-grêles, on les sème avec deux tiers de seigle en août ou septembre. En mai, elles sont bonnes à couper en vert, et en juin, pour graine. Montant aussi haut que le seigle, elles donnent un produit considérable et recherché par le bétail.

Les vesces en général se cultivent plus souvent pour fourrage que pour graine. Coupées pendant la floraison ou après, elles forment en vert et en sec un excellent fourrage, important surtout dans la nourriture à l'étable. Il est bon de les plâtrer. Cette plante est attaquée de la miellée, par divers insectes et par la *cuscute*. Dès qu'on aperçoit cette dernière, on doit se hâter de récolter, car elle détruit les vesces en peu de temps. La cuscute est une plante *parasite*, c'est-à-dire une plante qui vit et se nourrit sur les autres plantes.

§ LII. — *Des fèves.*

On en a de plusieurs espèces. Les seules cultivées en grand sont la *féverole* et la grosse fève de *marais*. La première, nommée aussi fève de *cheval*, a le grain plus petit, plus dur, moins agréable au goût. Elle est réservée exclusivement au bétail; mais elle craint moins la gelée et la sécheresse, et produit un peu plus que la fève de marais, qui est employée à la nourriture des hommes, et fournit un aliment très-substantiel et sain. Ces deux espèces se cultivent de même. La féverole est d'hiver et d'été.

1° *La féverole de printemps* demande, pour réussir, une année humide et une terre forte. On n'y saurait mettre trop d'engrais, car elle ne verse jamais. Comme récolte sarclée, la fève tient la place de la jachère, et forme une des meilleures préparations pour le froment, lorsqu'elle a été cultivée avec soin. On laboure et on enfouit le fumier avant l'hiver, afin qu'en mars on n'ait qu'à semer sans nouveau labour. On répand à la volée deux hectolitres de semence par hectare; 100 à 150 litres suffisent lorsqu'on sème en rayons à deux pieds de distance. Cette dernière méthode est la meilleure en ce qu'elle permet les binages à la houe à cheval; dans la première méthode, on recouvre à la herse et à la charrue; dans ce dernier cas, pour mettre en lignes, le semeur marche derrière la charrue, et laisse tomber dans la raie contre la terre quatre à cinq grains par pied de longueur. On sème aussi en lignes au moyen du semoir-brouette ou du semoir à cheval. Enfin, on sème encore à la volée sur un terrain butté, avant l'hiver, avec le buttoir, et qu'on *débutte* (dont on aplanit les petits sillons) après la semaille; les plantes sont également mises en rayons par cette méthode, qui est plus expéditive que les deux autres, et qui permet surtout de se passer d'un labour de printemps. Dès que les fèves ont levé, on herse une première fois, et lorsqu'elles ont six pouces, une seconde fois en travers; on profite pour cela d'un temps chaud, puis on sarcle à la houe à cheval, et on butte ensuite légèrement. A la floraison, on cesse les cultures. Lorsque les fèves ne sont pas trop serrées, elles nouent en bas comme en haut; dès que c'est terminé, on pince le bout de la tige (on étête) pour faire porter la séve davantage au fruit. On récolte lorsque les gousses commencent à noircir. Les tiges se coupent à la faucille ou à la faux : on les dresse en petites bottes non liées; elles achèvent ainsi de mûrir. Le produit moyen par hectare est de 18 à 20 hectolitres de grain, et de 1,600 à 2,000 kilogrammes de paille. Cette dernière est recherchée des moutons lorsqu'elle a été bien rentrée.

On cultive avec avantage les fèves en mélange avec l'avoine; on les sème vers le commencement de mars; on les enfuit sous raie; quinze jours après, on sème l'avoine, qu'on recouvre à la herse. Le tout mûrit et se récolte ensemble, et donne plus que si chaque plante avait été cultivée à part; après le battage, on sépare les fèves de l'avoine, ou l'on donne le tout ensemble aux chevaux. Les fèves font partie des *dravières* ou fourrages annuels mélangés; leur grain s'emploie, entier, à la nourriture des chevaux et des moutons, et, moulu, à celle des bêtes à cornes. On le met souvent dans le pain, qu'il rend plus léger et plus nourrissant; enfin, on peut le manger en légumes. Quoique, à volume égal, les fèves soient un tiers plus nourrissantes que l'avoine, leur prix n'est guère plus élevé que celui de ce grain.

Les fèves d'hiver sont une espèce à part, à grain plus petit et plus foncé. Elles se sèment en septembre et se récoltent en juin, mais se cultivent, du reste, de même que les autres. Elles ne réussissent que dans des hivers très-doux, demandent un bon terrain, et donnent en paille, et surtout en grain, un produit plus élevé que les fèves d'été. Le grain est supérieur en qualité et s'emploie beaucoup dans le pain, qu'il rend plus savoureux et plus substantiel (on met un quart de fèves avec trois quarts de froment ou de seigle); son prix est égal à celui du froment. Les fèves en général sont sujettes à la rouille et aux pucerons. L'étêtage est bon, dans le bébut, contre ces derniers. Elles sont aussi attaquées par la cuscute.

§ LIII. — Des lentilles.

On en cultive en grand deux espèces : la lentille commune et la lentille à une fleur.

1° *Les lentilles communes* offrent trois variétés principales : la grande lentille, la petite lentille rouge ou lentillon d'été, et le lentillon d'hiver.

a) Les lentilles communes d'été, à grains larges ou petits, réunissent dans les mêmes circonstances et avec la même culture que les pois : elles se contentent pourtant d'un sol plus léger, mais demandent des binages fréquents. La semaille a lieu dans le courant du mois de mars, soit à la volée, soit en lignes à douze ou dix-huit pouces; cette dernière méthode est la meilleure. On répand par hectare 150 litres de semence à la volée, un tiers de moins en lignes. Dès que les gousses commencent à jaunir, on se hâte d'arracher les lentilles; on les met en petits tas qu'on retourne de temps à autre avec précaution, puis on rentre avec des voitures garnies de bâches. Le produit moyen est de 15 hectolitres. De toutes les graines, c'est la plus nourrissante; mais il est beaucoup de terrains qui ne produisent que des lentilles d'une cuisson difficile et d'une moindre valeur par cette raison. La paille est égale au foin.

b) Les lentilles se cultivent fréquemment pour

fourrage ; on fauche dès que les siliques sont formées. Ce fourrage, de même que celui que fournit la variété suivante, est si nourrissant qu'il y a danger de le donner seul au bétail.

c) Les lentillons d'hiver se cultivent exclusivement pour le bétail. On les sème ordinairement avec du seigle ; on laisse mûrir le tout ensemble, et on le donne, non battu, mais haché, aux chevaux et aux moutons en guise d'avoine. C'est un excellent fourrage, qui n'a que le défaut d'être échauffant. Les lentillons supportent nos hivers, et se cultivent comme le seigle. On met 75 ou 100 litres de lentillons et à peu près autant de seigle par hectare.

2° *Les lentilles à une fleur* ou *jarat* (ERVUM MONANTHOS) sont cultivées et employées de la même manière que les précédentes. Elles réussissent dans les terrains les plus pauvres pourvu qu'ils ne soient pas calcaires, et y donnent un produit satisfaisant en fourrage très-recherché par le bétail.

§ LIV. — *Des jarosses.*

1° *Les jarosses* ou *garousses* ou *gesses chiches* (LATHYRUS CICERA) viennent également dans de mauvaises terres, mais ne craignent pas les sols calcaires. On les cultive, de même que les jarats, seules ou mieux en mélange avec du seigle ou de l'avoine d'hiver. Elles produisent un fourrage très-substantiel, mais fort échauffant, surtout quand on a récolté après la formation de la graine. Cette dernière est un aliment extrêmement dangereux pour l'homme et ne devrait jamais servir à sa nourriture. Nous ne saurions trop recommander aux agriculteurs qui ont des terres sablonneuses la culture du *jarat*, et celle de la *jarosse* aux cultivateurs qui ont des sols de craie et des chalains brûlants. Ces plantes leur seront d'un grand secours pour la nourriture de leur bétail.

2° *Les gesses communes* (LATHYRUS SATIVA) qu'on sème quelquefois pour la graine, mais plus souvent pour le fourrage, sont traitées comme les pois ; elles sont moins difficiles sur le terrain, mais rendent moins que ceux-ci.

§ LV. — *Des haricots.*

On ne cultive en plein champ que les haricots nains qui ne se rament pas ; on les traite comme le maïs, avec lequel on les mélange souvent. Ils ne supportent pas le froid, mais redoutent peu les sécheresses, réussissent dans tout terrain qui n'est pas humide ou trop compacte. On fume avant l'hiver pour éviter les mauvaises herbes. La semaille se fait en lignes à 12 ou 24 pouces de distance : on met 6 à 8 grains par pied de longueur. On les cultive et on les récolte comme les lentilles. Ils donnent par hectare 15 à 20 hectolitres de graines, qui sont très-recherchées (surtout les blanches) pour le ménage. La paille est mangée par les moutons.

§ LVI. — *Du sarrasin.*

Cette récolte est précieuse par la promptitude de sa croissance et parce qu'elle vient dans les terres les plus maigres ; mais elle craint le froid, et manque lorsqu'il y a de grands vents ou des pluies pendant la floraison. Le sarrasin veut un sol meuble et chaud (sablonneux, crayeux ou tourbeux). Il n'exige que peu de fertilité, mais il demande une excellente préparation. On ne fume que dans les terres trop pauvres. Epuisant peu la terre, il se met avant et après toute espèce de récolte. Il donne les plus beaux pro-

duits dans les défrichements et dans les marais desséchés, partout enfin où il trouve une terre meuble et
propre. On le cultive quelquefois en seconde récolte
après de l'orge d'hiver ou du seigle. La semaille se
fait depuis la mi-mai jusqu'au commencement de
juillet; 60 litres suffisent par hectare. On recouvre à
la herse, rarement à la charrue. Lorsque le sarrasin
vient bien, il étouffe toutes les mauvaises herbes, On
le récolte dès que la plupart des graines sont brunes;
on le met en javelles qu'on dresse en écartant le pied,
et qu'on remue de temps à autre. Lorsqu'il est assez
sec, on le lie et on le rentre; le mieux est de le battre
immédiatement et de mettre la paille en meules, parce
qu'on ne peut la faire sécher complétement. Le produit varie beaucoup; la moyenne est de 20 à 24 hectolitres de grain et 2,000 kilogrammes de paille par
hectare en première récolte, la moitié en seconde
récolte (lorsqu'il vient après de l'orge ou du seigle).
Le sarrasin, lorsqu'il a *coulé* (non fructifié), s'enfouit
pour fumer le sol ou se coupe pour fourrage. Néanmoins, le fourrage de sarrasin, de même que le grain
et la paille, doivent se donner avec précaution, parce
qu'ils font enfler la tête des moutons, lorsque ceux-ci
sont exposés au soleil. On a aussi remarqué que le
sarrasin en vert agaçait les dents du bétail au point
d'empêcher celui-ci de manger. D'habiles cultivateurs
ont obvié à cet inconvénient en saupoudrant le sarrasin d'un peu de cendres de bois avant de le donner
aux animaux. Le grain se mêle dans le pain, se consomme sous forme de semoule, qui est bonne, et se
donne aux bêtes à l'engrais, à la volaille et aux
chevaux.

SECTION III. — DES FOURRAGES.

On entend, sous ce nom, les plantes qui servent

uniquement ou principalement à la nourriture du bétail. Les fourrages sont de deux espèces : *naturels* ou *artificiels*. Les premiers sont produits dans les prés et pâturages ; les seconds, dans les champs, par la culture.

Sans fourrages point de bétail, et sans bétail point de culture. La culture des fourrages est donc la plus importante de toutes, car elle seule permet la production des autres denrées.

ARTICLE PREMIER. — PRODUCTION DES FOURRAGES NATURELS.

Autrefois on ne savait nourrir le bétail qu'avec des prés et des pâturages, mais la diminution de ces espèces de fonds a forcé à recourir aux fourrages artificiels. Ceux-ci n'ôtent cependant pas toute importance aux premiers. La réduction des prés et des pâturages, et la nécessité de tenir aujourd'hui plus de bétail qu'autrefois pour l'étendue plus grande des terres, rendent même plus avantageux que jamais les soins qui peuvent faire produire davantage aux pâturages et surtout aux prés. Il y a souvent du profit à rompre un pré ou un pâturage, principalement lorsqu'ils demandent du fumier pour donner un produit satisfaisant ; mais, avant de le faire, il faut examiner si, par des soins et des améliorations faciles, on ne pourrait pas les rendre plus productifs, et lorsque enfin on se décide à les mettre en culture, il faut bien se garder d'épuiser ces terrains précieux en y mettant grain sur grain : ce serait tuer la poule aux œufs d'or ; il faut au contraire profiter de leur richesse pour leur faire produire, en fourrages artificiels, une quantité de nourriture plus considérable qu'auparavant.

§ LVII. — *Des prairies.*

Les prairies dont le produit est employé sec, sous le nom de foin, à la nourriture d'hiver du bétail, varient selon leurs situations et selon la qualité et la quantité de foin qu'elles rendent. Les prairies élevées ou sèches, qu'on appelle aussi *préaux*, donnent un excellent foin, mais en petite quantité, excepté dans les années humides et dans les terrains frais. Il en est de même des prairies de plaines situées au milieu des champs. Les prairies marécageuses rendent souvent beaucoup plus, mais leur produit est de mauvaise qualité. On considère comme les meilleures prairies celles qui sont situées dans les vallées, au bord des cours d'eau, qui les entretiennent dans une fraîcheur convenable; elles se fauchent une, deux et même trois fois par an. Les prairies demandent plus d'humidité que les champs, et celles qui sont dans des situations sèches sont en général plus propres à la culture qu'à la production de l'herbe. On ne saurait au contraire tirer un meilleur parti des terrains bas, humides, situés au bord des eaux et sujets à être inondés, qu'en les laissant en prairies. Mais ces mêmes prairies, qui peuvent être les meilleures, deviennent les plus mauvaises lorsqu'elles sont délaissées et mal soignées.

Les soins à donner aux prairies ont pour but de leur faire produire un fourrage meilleur et en plus grande quantité. A cet effet, il faut détruire les mauvaises plantes, favoriser la croissance des bonnes, amener de l'humidité dans les places et aux époques où elle manque, et l'éloigner là où il y en a trop.

Beaucoup de plantes nuisent aux prairies; le cultivateur doit les connaître afin de les détruire. De ce nombre sont les *laîches*, les *roseaux*, les *joncs*, le *colchique*, les *renoncules*, la *ciguë*, la *patience*. On est souvent obligé de les faire arracher pour s'en débarrasser. Quelquefois ces plantes disparaissent d'elles-mêmes, lorsqu'on égoutte le terrain. L'*arrête-bœuf* (ONONIS) et la *fougère* sont au contraire expulsés par l'arrosage. La *mousse* peut être détruite par de forts hersages et par l'assainissement, suivi de l'emploi des cendres, de la chaux, de la marne, de la colombine, de la suie et surtout du purin, de même que par le *terrage*. Les prairies trop remplies de ces mauvaises herbes doivent être rompues, cultivées pendant quelque temps, et ensuite ressemées en graines de pré.

Le cultivateur doit s'attacher aussi à connaître les bonnes plantes de la localité, celles qui rendent le plus et qui en même temps sont le plus recherchées du bétail, afin de les propager. Presque toutes les *graminées* (plantes de la même famille que les céréales) sont excellentes; cependant ce ne sont pas les seules bonnes plantes de prairies. Les *légumineuses* (plantes de la famille des trèfles) sont en quelque sorte préférables encore; du moins faut-il le mélange de ces deux familles de plantes pour que la prairie soit parfaite. Il est nécessaire, en outre, que les plantes qui composent la prairie croissent et mûrissent approchant en même temps, pour n'avoir pas, à la fenaison, des herbes déjà sèches, tandis que d'autres commencent à croître. Il y a néanmoins une exception à faire pour quelques plantes, par exemple la *jacée*, qui, ne poussant que dans le regain, augmentent et améliorent son produit sans nuire à celui du foin.

Le trèfle rouge et le blanc, la luzerne, le ray-grass (l'ivraie vivace), le pâturin des prés, la fétuque élevée et la fétuque des prés, le vulpin des prés, le fromental ou *avoine élevée, le dactyle pelotonné*, etc., sont les meilleures plantes de ces deux familles pour les prairies à sol riche et frais. Dans les terrains humides, on peut joindre à ces diverses plantes, dont on retranchera le trèfle rouge ou la luzerne, *l'agrostis traçante ou traînasse, le pâturin aquatique* et *la fétuque flottante*. Dans les terrains pauvres et secs, on ajoutera, au ray-grass, au trèfle blanc et au dactyle pelotonné, *le sainfoin* et *le brome des prés*.

Le cultivateur fera bien d'acheter la semence de ces diverses plantes chez un grènetier, plutôt que de semer de la fleur de foin ou *fenasse*, qui n'est souvent que de la balayure de fenil, dans laquelle se rencontrent beaucoup de mauvaises graines; du moins devrait-il toujours joindre à la fenasse une certaine quantité, la moitié environ, de graines des plantes mentionnées, qu'il choisira suivant le terrain. Il ne doit pas se borner à semer une ou deux de ces plantes, mais il fera un mélange de cinq ou six plantes au moins; car les mélanges donnent toujours un produit plus abondant et meilleur. Il peut au reste épargner la dépense assez forte qu'occasionne l'achat de ces graines, en faisant cueillir à la main par des enfants, et à l'époque de la maturité, les plantes indiquées ou d'autres qui croissent dans sa localité et dont il aura reconnu les bonnes qualités. Il suffit, pour cela, de réserver un coin dans la meilleure portion d'un pré. On y pratique avec la faux des sentiers entre lesquels on laisse intactes des bandes longues et étroites où l'on peut facilement récolter les graines à mesure qu'elles mûrissent. La quantité de semence de ces diverses plantes, qu'il est nécessaire de répandre par hectare, dépend de la faculté qu'ont les plantes de taller plus ou moins. En supposant qu'on les sème seules, il faudrait par hectare : 50 kilogrammes de ray-grass, 18 de pâturin, 50 de fétuque élevée ou des prés, 8 à 10 de fléole, 20 de vulpin, 100 de fromental, 50 de dactyle, autant de brome, 4 à 5 d'agrostis traçante, 60 à 80 de pâturin aquatique, 15 à 20 de fétuque flottante. Quant aux légumineuses, nous donnons les chiffres plus loin. Chacun saura dès lors la quantité de semence qu'il devra employer ; suivant la proportion dans laquelle entrera l'une ou l'autre des plantes mentionnées dans le mélange, il sèmera le quart ou le cinquième, le sixième, etc., de la quantité que nous indiquons. Dans une terre fraîche et fertile, par exemple, on obtiendra une bonne prairie avec un mélange de 40 à 50 kil. de fromental, 3 à 4 de luzerne, autant de trèfle rouge et blanc, 3 à 5 kil. de ray-grass, 1 à 2 de fétuque élevée, 1/2 de fléole, 1 de vulpin. En procédant de la manière indiquée, c'est-à-dire en semant de bonnes graines au lieu de fenasse, le cultivateur aura le grand avantage d'obtenir, dès la seconde année, un produit abondant et d'excellente qualité, tandis que ce n'est guère qu'au bout de six ou huit ans qu'une prairie créée par la méthode ordinaire donne une récolte passable.

On favorise la croissance des légumineuses en répendant sur les prairies du plâtre, des cendres, de la chaux et des décombres de bâtisses. Cependant il ne faut pas faire abus de ces moyens, surtout du plâtre. Les graines mentionnées peuvent se semer dans les places où l'on a enlevé de la mousse ou répandu de la terre. Cette dernière opération est excellente : aussi les *taupinières*, loin de nuire aux prairies, leur sont-elles avantageuses, pourvu qu'on ait soin de les répandre au printemps et après chaque coupe. Tout ce qui ameublit la surface du sol est également profitable à la pousse de l'herbe, et de forts hersages en automne ou au printemps ont un bon effet sur les prairies.

Mais les opérations les plus importantes, celles qui tendent le plus à améliorer et à augmenter le produit, ce sont l'*assainissement* des prairies humides, opération dont il a déjà été question, et l'*irrigation* ou l'arrosement des prairies de toute espèce.

§ LVIII. — *De l'irrigation* (1).

L'irrigation consiste à se rendre maître d'une portion ou de la totalité d'un cours d'eau, à le conduire de manière qu'il se répande sur la prairie, l'arrose entièrement ou en partie, selon qu'on le veut, et puisse être de même retiré à volonté. L'irrigation donne non-seulement de l'humidité, mais encore un engrais à la prairie par le limon qu'y apporte l'eau.

Pour irriguer, il faut un cours d'eau plus élevé que la prairie; à cette dernière, il faut une pente suffisante et une surface unie; puis des rigoles pour conduire l'eau dans toute la prairie, et d'autres pour l'en retirer. Il y a deux méthodes principales d'irrigation : l'une est par *reprise d'eau*; l'autre par *planches* ou *dosses*. Ce n'est qu'après avoir égalisé parfaitement la prairie que l'on peut procéder à l'irrigation. Nous n'entendons pas ici qu'il faille donner à la surface de la prairie l'uniformité d'une table, encore moins une horizontalité parfaite, mais seulement que cette surface ait un relief tel que *l'eau puisse arriver partout et ne séjourne nulle part*. On aplanira donc les élévations sur lesquelles on ne pourrait conduire l'eau, et, avec la terre qu'on en retire, on comblera les fonds, après en avoir enlevé préalablement le gazon pour l'y replacer, une fois le nivellement fait. Si le gazon était de mauvaise nature, on ensemen-

(1) Un traité spécial sur les irrigations fera partie de la bibliothèque rurale.

cerait la terre nue avec de la graine des plantes mentionnées plus haut. Avant de commencer ces travaux,
il faut mesurer soigneusement le niveau de la prairie
tout entière, en commençant à partir de la prise
d'eau dans le ruisseau ou dans la rivière, afin de
s'assurer du point jusqu'où l'on pourra amener l'eau
et de la direction à donner aux rigoles; cette opération, qu'on appelle *nivellement*, s'effectue avec l'instrument connu sous le nom de *niveau*. Il y en a de divers
genres. Le plus employé pour les nivellements de cette
espèce est le *niveau d'eau à deux branches*, instrument
connu de la plupart des instituteurs, et qui devrait se
trouver dans chaque commune, attendu qu'il est également utile pour le tracé des fossés d'écoulement et
des chemins. Mais, comme il est un peu cher, nous
proposerons ici un niveau plus simple, qui peut être
fait par tout menuisier adroit, et qui offre l'avantage
de servir, non-seulement pour le nivellement proprement dit, comme le premier, mais encore pour la
confection des canaux et rigoles.

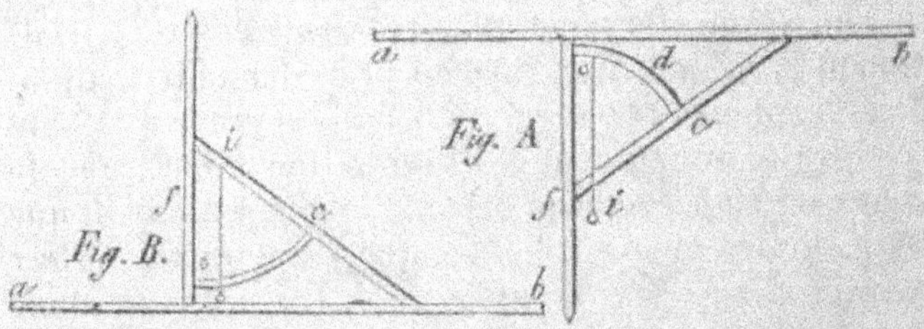

La figure *A* nous le fait voir dans la position qu'on
lui donne pour les opérations du nivellement ; la figure
B, dans celle qu'il doit avoir pour régler la pente des
canaux et rigoles. Nous croyons devoir entrer dans quelques détails de construction et d'emploi, car il est utile
que les cultivateurs se familiarisent avec cet instru-

ment et son usage. Les mêmes lettres indiquent les mêmes objets dans les deux figures. *a b* est une règle en bois de sapin de 2 mètres de longueur, de 8 à 10 centimètres de largeur et de 2 à 3 d'épaisseur, parfaitement plane à sa surface supérieure. Elle est fixée d'équerre et sur champ au pied *f* qui, étant pointu à son extrémité, peut être fixé en terre; *c* est un bras ou support qui sert à maintenir la règle; *d* est une entretoise courbe formant un arc de cercle dont le centre serait à peu près au point *i* sur le bras *c*. Au point *o* est un trou qui permet d'y fixer l'extrémité d'un fil à plomb, lequel sert à indiquer la parfaite horizontalité de la règle. Lorsque ce fil est attaché, on met la règle dans une position bien horizontale, au moyen d'un niveau de maçon ou d'un niveau à bulle d'air qu'on pose dessus; on remarque le point où touche alors le fil à plomb sur le bras *c*, et l'on y perce un trou : c'est le point *i*. Cela fait, on peut employer l'instrument pour niveler; il suffit de le placer toujours de manière que le fil à plomb tombe sur ce point *i*, ce qui est la preuve que la règle est horizontale. On peut alors viser avec celle-ci, comme on le ferait avec un fusil. On procède au nivellement de la manière suivante : supposé que le lieu où l'on peut établir la prise d'eau dans le ruisseau ou la rivière soit déterminé d'avance, il s'agira dès lors de connaître la direction que devra suivre le canal de dérivation et le point jusqu'où on pourra l'amener. Dans ce but, on place le niveau au point où doit commencer le canal. On mesure la hauteur du niveau depuis le sol jusqu'à la face supérieure de la règle, après avoir placé celle-ci dans la direction qu'on suppose devoir être suivie par le canal; on plante une *mire* dans cette même direction. La mire consiste en une perche de 2 à 3 mètres de longueur, graduée en centimètres et munie d'une planchette carrée dont la moitié inférieure est noire, la moitié supérieure blanche, et qui peut être fixée sur la perche à une hauteur quelconque par une vis de pression. Dans le cas présent, on la fixe de manière que la ligne de séparation du blanc au noir soit à la même hauteur que le niveau, plus une hauteur égale à la perte qu'aura le canal depuis le niveau jusqu'à la mire. Soit, par exemple, la hauteur du niveau au-dessus du sol 1 mètre; la distance du niveau à la mire, 30 mètres; la pente du canal, 2 millimètres par mètre de longueur, ce qui fait 6 centimètres pour les 30 mètres de distance; la planchette doit être dès lors fixée à $1^{m}06$ millimètres de hauteur. Un aide tient la mire, et la place verticalement à une distance mesurée et sur un point où, à vue d'œil, on a jugé que devrait passer le canal; la personne qui est au niveau dirige la règle vers la mire, et vise sur la ligne de séparation de la planchette. Si cette ligne est trop haute, la personne fait signe de placer la mire sur un point plus bas du terrain et réciproquement, sans jamais toucher à la planchette. Lorsque enfin le rayon visuel tombe juste sur la ligne mentionnée, le point du terrain où se trouve la mire est celui par lequel doit passer le canal; il est à 6 centimètres plus bas que celui où est le niveau. Ce point une fois connu, on y place le niveau et on recommence une nouvelle opération. On continue de la sorte jusqu'à ce qu'on soit parvenu au lieu où doit se terminer le canal. On marque chacun des points où a été placé le niveau ou la mire, par un *jalon*, qui n'est autre chose qu'un bâton mince et droit, pointu par en bas et garni dans le haut d'un morceau de papier blanc. La distance du niveau à la mire se mesure par une forte ficelle divisée en mètres au moyen de nœuds. L'une des extrémités est attachée à un piquet fixé près du niveau; l'autre est tenue par l'aide qui porte la mire, de façon que, tout en changeant de position, celle-ci reste toujours à la même distance du niveau, chose indispensable. Une autre condition, non moins essentielle, c'est que dans les changements de direction qu'on fait subir à la règle, celle-ci conserve toujours une horizontalité parfaite et la même hauteur au-dessus du sol.

Nous venons de décrire la marche à suivre lorsque le point de la prise d'eau est déjà fixé d'avance, et qu'il s'agit seulement de savoir jusqu'où l'on pourra conduire l'eau; mais lorsque, au contraire, c'est le point où doit arriver le canal qui est déterminé d'avance, et qu'il s'agit de connaître celui où l'on établira la prise d'eau, on opère alors en sens contraire. On part de l'extrémité inférieure du canal et on remonte jusqu'au cours d'eau qui doit l'alimenter. On aura soin, en outre, dans ce cas, de retrancher la pente que doit avoir le canal, de la hauteur de la mire, au lieu de l'ajouter, comme nous l'avons indiqué pour la première opération. Les personnes qui le trouveraient plus commode pourraient adapter aux extrémités de la règle les mêmes dispositions qui se remarquent sur les fusils de chasse, c'est-à-dire une visière et un bouton; mais il faudrait que ces objets pussent s'enlever à volonté, afin que l'instrument fût également propre à l'usage que nous allons indiquer. Lorsqu'il s'agit de conduire des canaux ou des rigoles dans un terrain ondulé, ou en travers d'une pente inégale et irrégulière, sur laquelle la ligne horizontale est plus ou moins sinueuse, on éprouve beaucoup de difficultés pour donner au canal une pente toujours uniforme et une direction convenable. Les praticiens, pour éviter des erreurs, commencent les canaux à la

prise d'eau ; l'eau, en y entrant, leur indique le niveau
et la direction à suivre. Mais s'ils évitent ainsi la
faute de ne pas donner assez de pente, ils n'évitent
pas celle d'en donner trop, et c'est en effet le défaut
général de la plupart des canaux creusés de cette
manière, défaut qui a pour résultat de priver des
espaces plus ou moins étendus des bienfaits de l'irrigation ou d'allonger le canal outre mesure. Il est
d'ailleurs difficile de creuser le canal dans l'eau. On
évite ces inconvénients en se servant du niveau comme
il est représenté en *B*, c'est-à-dire retourné, la règle
en bas et le fil à plomb attaché au point *i*. Dans cet
état, le niveau peut servir à indiquer l'horizontalité
parfaite d'une surface ; il suffit que, la règle étant
appliquée sur cette surface, le fil à plomb tombe
juste sur le point *o*. Mais, les canaux et les rigoles
devant avoir une certaine pente, il est urgent que le
niveau indique aussi cette pente. A cet effet, on posera
la règle sur un plan bien horizontal, puis on placera
sous l'extrémité en *a* un petit morceau de bois ou de
plomb, de l'épaisseur juste de 2 millimètres (en supposant que la règle ait 2 mètres de longueur). Le fil
à plomb déviera un peu vers *b*, on fera une marque
sur l'entretoise au point où pose la ficelle. Ce point
indiquera donc une pente de 1/1000. Ayant retiré ce
morceau de bois, on en placera un second de 4 millimètres d'épaisseur, et on marquera de même la position qu'aura prise le fil ; puis on mettra successivement
des morceaux de bois de 1 centimètre 15 millinètres,
2, 3 et 4 centimètres, en procédant toujours de la même
manière. On aura ainsi un indicateur exact des incli-
naisons de 1/1000, 1/500, 1/200, 1/100, 1/75, 1/50.
S'il s'agit, par exemple, de conduire en travers d'une
pente irrégulière un canal ou une rigole dont l'inclinaison soit de 1/200, on place l'extrémité *a* de la règle

au point où doit commencer le canal, puis tenant cette extrémité fixe, on promène l'instrument sur le terrain, jusqu'à ce qu'on lui ait trouvé une position dans laquelle le fil à plomb tombe sur la marque qui indique une pente de 1/200. On continue ainsi sur toute la longueur du canal jusqu'à son extrémité. Si, au contraire, la surface est plane, après avoir nivelé, comme nous l'avons dit plus haut, on place entre les jalons, au moyen du cordeau, d'autres jalons de 10 mètres en 10 mètres; et, par le moyen du même cordeau, on creuse le canal sur le fond duquel on pose de temps à autre la règle pour s'assurer qu'on lui donne la pente voulue.

Parmi tous les procédés de l'agriculture, il n'en est aucun sur lequel il soit plus difficile de donner par écrit les préceptes applicables à la pratique que les irrigations. Dans mille cas qui se présentent, il ne s'en trouve pas deux de semblables, et pour offrir seulement les principes généraux avec quelques détails, quatre volumes comme celui-ci seraient à peine suffisants. Nous nous contenterons donc de présenter les principales considérations qui se rapportent à ce sujet.

§ LVIII [bis]. — *Irrigation par reprise d'eau.*

Ce mode d'irrigation convient dans les prairies qui ont beaucoup de pente. Au moyen d'un barrage placé dans le cours d'eau, on fait déverser l'eau dans une grande rigole qui suit presque horizontalement le haut de la prairie ; c'est le *canal de dérivation*. Au dessous de ce canal et parallèlement, on pratique des rigoles d'irrigation, qui sont moins larges et moins profondes que le canal. On les met à une dizaine de mètres de distance les unes des autres ; lorsque la prairie a une forte pente, on les rapproche davantage ; celles du bas ont moins de profondeur et de largeur que celles du haut. Le bord inférieur de ces rigoles, de même que celui du canal, doit être *bien uni*.

Au moyen de petits barrages temporaires, faits avec des mottes de gazon ou des planchettes placées de distance en distance dans le canal, on fait déverser l'eau par-dessus le bord ; elle arrose l'intervalle jusqu'à la première rigole, se rassemble dans celle-ci, d'où elle se déverse de nouveau, également par le moyen de barrages, sur la partie inférieure de la prairie, jusqu'à ce que, de rigole en rigole, elle atteigne la dernière et enfin la saignée ou le ruisseau, comme l'indique la figure ci-dessous.

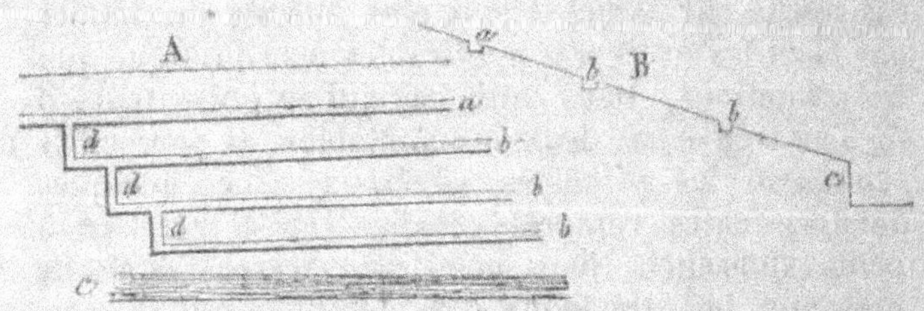

A plan, et *B* coupe verticale et transversale de la prairie arrosée.

§ LIX. — *Irrigations par planches ou dosses.*

Elle se pratique dans les prés qui ont peu de pente. Toute la prairie est mise, comme un champ, en billons bombés de 40 à 60 centimètres de hauteur au milieu, et de 6 à 12 mètres de largeur. Dans les terrains légers on donne peu de hauteur, beaucoup de largeur ; le contraire a lieu dans les terres fortes. Ces billons ou dosses sont dirigés dans le sens de la pente, et sont coupés en deux dans toute leur longueur par une rigole creusée au sommet. Cette rigole reçoit l'eau d'un canal de dérivation qui passe perpendiculairement aux billons, dans le haut de la prairie. Lorsqu'on veut faire entrer l'eau dans les rigoles, on ouvre celles-ci les unes après les autres, et l'on barre le canal en bas. Des gazons qu'on place à volonté font découler l'eau des rigoles sur les deux côtés du billon, qu'elle arrose, après quoi elle vient se rassembler dans la raie qui sépare chaque billon et qui sert de rigole d'écoulement. On donne aux rigoles d'irrigation sur 25 mètres de longueur une largeur de 20 centimètres au commencement et de 15 centimètres à la fin, avec une profondeur de 10 centimètres. Les rigoles d'écoulement vont au contraire en s'élargissant ; elles ont 15 centimètres de largeur au commencement et 30 centimètres à la fin sur une profondeur de 15 à 20 centimètres. Les dosses ou billons se font ordinairement à la charrue. A cet effet, on rompt sa prairie, et on en tire deux récoltes, dont la dernière peut être de l'avoine ou du seigle. Le labour de semaille, qui demande à être parfaitement soigné, met le sol en dosses. Comme il est impossible de donner avec la charrue toute la régularité nécessaire à la surface du sol, on repasse avec la pelle et la bêche; on a encore recours au niveau dans cette opération. La semaille ne s'effectue qu'après le nivellement du sol. Immédiatement après avoir enterré l'avoine, on sème la graine de pré, puis on passe un fort rouleau par-dessus pour la recouvrir et tasser le sol. L'établissement des rigoles n'a lieu que lorsque la récolte est enlevée. Au lieu de semer, on garnit parfois le sol, mis en dosses, avec des gazons enlevés sur les lieux ou ailleurs. Cette méthode donne plus promptement des produits, mais elle est plus coûteuse que l'autre.

Les canaux et les rigoles, dans les deux méthodes, se font, comme nous l'avons dit, avec le secours du niveau. On lui donne d'autant moins de pente que la quantité d'eau est plus grande; 4 à 5 millimètres par mètre suffisent dans la plupart des cas. La pente des rigoles peut néanmoins être plus forte dans l'irrigation par dosses. Il arrive fréquemment que l'on n'a pas assez d'eau pour arroser toute la prairie en même temps; on n'en arrose alors qu'une partie à la fois, et pour cela, on bouche l'entrée des rigoles qui mènent aux autres parties. On obvie également à l'insuffisance de l'eau en creusant dans le haut de la prairie un *réservoir* dans lequel elle se rassemble; en le lâchant lorsqu'il est plein, on arrose la prairie entière dans les moments favorables. On améliore beaucoup cette eau du réservoir en y faisant pourrir des matières végétales ou animales. *A* plan; *B* coupe de la prairie; *a* canal

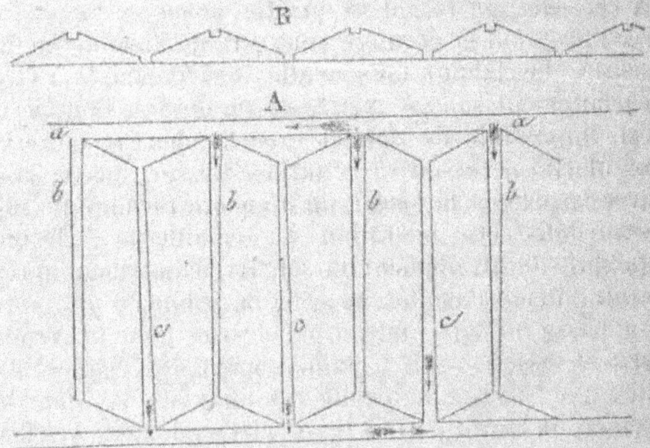

de dérivation; *bb* rigoles d'irrigation; *cc* rigoles d'écoulement.

L'irrigation par planches ou dosses est celle qui a été adoptée, dans la Campine, pour les beaux et grandioses travaux que le gouvernement accomplit en ce moment. Nous conseillons fortement aux personnes qui voudront entreprendre des constructions rurales semblables de visiter ce qui s'est fait dans cette contrée de notre pays, avant de mettre la main à l'œuvre; elles y trouveront un vaste sujet d'enseignement et une des plus belles écoles d'irrigation qui existent à l'époque actuelle.

§ LX. — *Irrigation par infiltration.*

Cette méthode est préférable aux premières dans certains cas. Elle s'applique aux terres arables et aux jardins comme aux prairies. Le sol est mis en billons plats, de 1 à 3 mètres de largeur, séparés les uns des autres par des rigoles qui communiquent avec un canal de dérivation. Ces rigoles doivent être presque horizontales, de même que la surface du terrain. Lorsqu'on veut arroser, on laisse arriver l'eau du canal dans les rigoles. Cette eau s'infiltre dans le sol et lui procure l'humidité nécessaire aux récoltes. Ce mode d'irrigation, qui ne s'emploie qu'à l'époque de la croissance des plantes, principalement pendant les grandes chaleurs, convient aux terrains légers qui absorbent l'eau facilement. Dans les terres compactes, on est obligé de faire les billons très-étroits.

§ LXI. — *Irrigation par submersion.*

Elle consiste à mettre tout le terrain sous l'eau pendant quelque temps. Elle ne peut être employée qu'en automne, en hiver et au printemps, et sert à utiliser des ruisseaux qui n'ont assez d'eau que pendant cette saison. Ordinairement ce sont des vallons peu inclinés et possédant un faible cours d'eau que l'on arrose de cettte façon. On établit à la partie inférieure de la prairie une petite chaussée ou digue transversale en terre, munie d'une martelière à l'endroit où le cours d'eau passe à travers la digue. En fermant cette martelière, on force l'eau à se déverser sur la prairie et à la couvrir entièrement. Le couronnement (le sommet) de la digue doit être parfaitement horizontal dans toute sa longueur. Si le terrain ne s'élève pas latéralement, comme cela se voit toujours dans les vallons, on est obligé d'y suppléer par deux lignes latérales, dont le couronnement sera au même niveau que celui de la digue transversale. Ce sont des eaux troubles qu'on emploie de préférence pour ce genre d'irrigation. Immédiatement après la récolte du regain, on fait entrer les premières eaux troubles ; on les lâche dès qu'elles ont déposé leur limon. La prairie peut rester sous l'eau pendant une grande partie de l'hiver ; mais au printemps, à mesure que la chaleur augmente, on laisse l'eau moins longtemps : quinze jours, puis huit, et enfin deux ou trois jours seulement. En mai, on n'arrose plus, et la martelière doit rester constamment ouverte. Mais on arrose de nouveau après la fenaison lorsqu'on a de l'eau.

§ LXII. — *Conduite de l'eau.*

La conduite de l'eau importe beaucoup au succès de l'irrigation. Immédiatement après la coupe du regain, on peut faire pâturer la prairie ; mais *seulement par un temps sec*, car le pâturage par le mauvais temps lui fait le plus grand tort. Dès les premières pluies d'automne, on cesse la pâture, on répare les rigoles, et on amène sur la prairie l'eau qui, à cette époque, est très-fertilisante, parce qu'elle charrie une partie du fumier et de la meilleure terre des champs. On cesse d'arroser quand il gèle fort, et on recommence lors du dégel. Cette eau de printemps est excellente, et amène sur les prés plus de limon encore que l'eau d'automne. Lorsqu'elle est devenue claire, que la prairie ou le temps est humide, on suspend l'irrigation jusque dans le courant d'avril, pour recommencer ensuite et continuer jusque huit jours avant la fenaison. Mais, à mesure que les chaleurs augmentent, on laisse l'eau moins longtemps; en avril deux ou trois jours de suite, plus tard un jour et une nuit, enfin une seule nuit, sans quoi l'eau pourrirait le gazon, surtout dans les prairies mal nivelées. On a également la précaution de ne plus arroser avec des eaux troubles dès que l'herbe a acquis environ les deux tiers de sa hauteur.

On s'aperçoit qu'elle fait du tort lorsqu'une écume blanche paraît à la surface. Une terre légère supporte plus d'eau qu'un sol froid et humide.

L'eau préserve l'herbe des effets des gelées tardives; mais, lorsqu'une fois elle ne coule plus, la prairie est plus sujette à souffrir du froid, aussi longtemps qu'elle n'est pas ressuyée. Il est donc essentiel de retirer l'eau dès le matin, lorsqu'on redoute du froid pendant la nuit; l'eau doit couler aussi lentement que possible, excepté dans les sols tourbeux. La meilleure eau pour l'irrigation est la plus douce, qui charrie le plus de bonne terre et de jus de fumier. Les eaux crues de sources et celles qui proviennent de grands bois passent pour être mauvaises; on les améliore en les faisant séjourner quelque temps dans un réservoir.

L'irrigation est une des opérations les plus profitables et les plus utiles de la culture. Par ce moyen, on peut changer en prairies excellentes, des sables, des rochers et des grèves tout à fait stériles. Malheureusement le petit cultivateur peut rarement l'appliquer, car il faut presque toujours, pour cela, des travaux au-dessus de ses moyens. Mais il est pour lui un moyen de participer aux avantages que procure l'irrigation lorsqu'il y a un cours d'eau à sa portée : c'est de s'associer avec ses voisins, ou même encore avec tous les cultivateurs de son village, et de faire les travaux en commun. C'est par ce moyen qu'ont été exécutés ces admirables travaux d'irrigation qui font la richesse de plusieurs contrées du Midi et de plusieurs localités des Vosges, notamment des environs de Remiremont et de Saint-Diez, où des grèves tout à fait stériles ont été changées en prairies à deux et trois coupes, valant aujourd'hui plus de 6,000 francs l'hectare. Nous ne saurions en général trop recommander les associations à nos confrères les cultivateurs, non pas seulement dans ce cas spécial, mais pour beaucoup d'autres opérations. Ce qu'un homme ne peut faire, deux, trois ou quatre le feront, et là où un seul se ruinerait, un grand nombre y gagnera.

Fumure des prairies. — On fume souvent les prés avec du fumier long qu'on répand en automne ou au printemps. Cette pratique, qui est bonne pour le pré, est en général peu avantageuse pour la culture, en ce qu'elle retire les engrais aux champs. Les seuls engrais que l'on doive employer, outre l'eau, sont l'eau de lizée, le purin, la colombine, la poudrette, les composts, quelquefois aussi le fumier de porc. L'eau de lizée et le purin, qui sont les meilleurs engrais, peuvent être mis en toute saison dans le canal de dérivation, lorsqu'on arrose les prés, ou bien on les répand sur le gazon en automne ou au printemps, par un temps humide, au moyen du tonneau mentionné. Les engrais en poudre s'emploient au printemps. Enfin, on peut aussi parquer les prairies au printemps et entre les deux coupes.

Il y a dans beaucoup de fermes des prairies mal situées ou remplies de mauvaises plantes; et, d'un autre côté, des champs placés dans des situations humides ou même propres à l'irrigation. Il est avantageux, dans ce cas, de rompre les mauvais gazons et de changer en prés les champs situés ainsi. Dans ces diverses opérations, on observera les règles que nous avons déjà mentionnées. Une condition importante pour avoir une bonne prairie, c'est de bien fumer le terrain avant de le mettre en gazon. Il est bon aussi de faire pâturer l'herbe pendant la première année.

Fenaison. — La bonne époque pour la fenaison est lorsque la plupart des plantes sont en fleur. Cela a lieu en mai pour les prairies à trois coupes, et en juin pour celles à deux coupes. Quant aux prairies non encloses, et par conséquent sujettes à la vaine pâture, après la coupe du foin, presque partout elles sont récoltées trop tard, parce qu'on ne tient pas au regain qui doit devenir la propriété de tous, et que l'on espère ainsi augmenter la quantité de foin. Mais on se trompe; un pré coupé trop tard ne donne pas plus que d'autres, et le foin qui a séché sur pied ne vaut guère mieux que la paille. Le pré d'ailleurs se détériore lorsque l'herbe y vient à graine.

On tâchera de faucher à la fraîcheur et aussi ras que possible; car c'est le *dessous* qui fait la quantité. La méthode la plus généralement suivie en Belgique pour sécher le foin est la suivante. Tout ce qui est fauché avant neuf heures et par le beau temps est répandu avec des râteaux pour être retourné à midi et mis en *bocottes* (en petits tas), après six heures. Ce qui est fauché après neuf heures reste en andains toute la journée. Le lendemain, après la rosée, on étend ces andains et l'herbe fauchée le même jour jusque-là; après quoi on étend aussi les bocottes, en les réunissant par trois ou quatre les unes auprès des autres, afin d'en former promptement des *moyens tas*, vers le soir, ou s'il venait de la pluie. L'herbe ainsi étendue est remuée et retournée à plusieurs reprises avec des râteaux ou des fourches en bois. Le troisième jour, on étend ces moyens tas, on les retourne comme le jour précédent, trois ou quatre fois pendant la journée, et le soir, on peut les rentrer ou les mettre en *gros tas* faits avec quatre ou cinq moyens tas. Le foin s'y échauffe un peu, sue et acquiert ainsi plus de qualité; on le rentre le lendemain après la rosée. On évite de rentrer le foin humide; mais il faut aussi éviter de le rentrer trop sec, parce qu'alors il a perdu de sa qualité. Le mauvais foin des prairies humides gagne à être mis en gros tas avant qu'il ne soit sec. On le laisse ainsi s'échauffer un peu.

Lorsqu'il survient du mauvais temps, on laisse les andains sans les étendre, et même les tas; mais on profite de chaque moment favorable pour remuer ces derniers. Le fourrage, aussi longtemps qu'il est vert et en andains, souffre peu de la pluie; et lorsque les tas sont bien faits, l'humidité ne doit pas y pénétrer. Si toutefois le mauvais temps ne laissait pas d'espoir de sécher parfaitement le foin, on pourrait le rentrer à moitié sec, l'entasser fortement (en le mêlant avec de la paille) sous un hangar ou en meule: il s'échauffera beaucoup, diminuera de volume et deviendra noir intérieurement; mais, pourvu que l'air n'y pénètre pas, il ne moisira pas, et le bétail le mangera volontiers, surtout si l'on a soin de l'humecter d'un peu d'eau salée avant de le présenter aux animaux. Quant au foin qui a été *vasé* (couvert de vase et de terre par l'eau), on doit, avant de l'employer, le faire battre au fléau ou à la machine à battre.

Quoique les moyens que nous venons d'indiquer pour arriver à la dessiccation du foin soient à peu près les seuls connus de nos cultivateurs, ce qui tend nécessairement à faire supposer qu'il n'en existe pas de meilleurs, ils sont loin d'être les plus parfaits et de répondre entièrement aux exigences actuelles. Par les procédés que nous employons, nous ne pouvons en effet prévoir d'avance quelle espèce de foin nous allons produire. Si le temps est à la sécheresse, le foin sera vert; s'il survient des alternatives de pluie et de beau temps, il sera plus ou moins brun; si enfin les pluies sont abondantes et fréquemment renouvelées, il deviendra presque noir, et moisira même souvent sur le pré avant qu'on ne puisse le rentrer. Or il existe en Angleterre et en Allemagne une méthode de fenaison à la fois plus précise et plus positive, qui permet non-seulement d'emmagasiner les fourrages dans l'état où l'on désire les obtenir, mais encore de leur faire acquérir plus de qualités et un goût qui est plus recherché par le bétail. Cette méthode, qui consiste à faire à volonté du *foin vert* et du *foin brun*, quel que soit le temps par lequel on opère, nous paraît avoir trop d'importance et présenter trop d'avantages pour que nous hésitions à l'exposer dans tous ses détails.

Le *foin vert* se fait en ouvrant et en éparpillant le plus promptement possible l'herbe après qu'elle a été fauchée. Il devient d'autant plus parfait que celle-ci a été mieux exposée, par une température sèche, à l'air et aux rayons du soleil, et qu'en revanche on la protége contre l'humidité, et particulièrement contre la rosée, en l'amassant et la réunissant, et qu'ainsi on la conduit avec plus de promptitude à sa dessiccation complète. Aussitôt donc que la rosée est essuyée, et si le temps est favorable, il faut éparpiller l'herbe des andains qui ont été fauchés, dès le grand matin jusqu'à neuf heures, et avoir soin de la bien diviser, de sorte qu'il n'en reste aucune partie en paquets. Dès que l'on a fini ce travail, on retourne ce qui a été épandu le premier, ou bien on le remue avec le râteau; après midi, l'on répète cette opération. Vers les quatre heures on met le fourrage en grands andains ou *rouets*, et, avant le coucher du soleil en tas de 80 à 100 kil. qu'on presse légèrement, afin d'en accélérer la fermentation. Au bout de douze à quinze heures, lorsque le calorique est assez développé pour qu'on puisse à peine tenir la main dans les tas, on étend de nouveau le foin, on le retourne deux ou trois fois pendant la journée; puis, vers le soir, on le remet en andains, mais doubles, formés par deux personnes, qui amassent, avec le râteau, de deux directions différentes. Avant le coucher du soleil, on met de nouveau le foin en tas; mais ces tas doivent être deux ou trois fois plus grands que ceux de la veille. Le troisième jour, on le traite de la même manière, et, si le temps est favorable, ce foin sera assez sec pour qu'on puisse le réunir en grands tas pour le charger et l'y laisser jusqu'à ce qu'on le serre.

Quant à l'herbe qui a été fauchée dès les premières heures de la matinée, on la laisse en andains jusqu'au lendemain, où l'on commence à la traiter par les mêmes procédés que ci-dessus. Chaque matin on commence par éparpiller l'herbe récemment fauchée, puis on va étendre celle des tas, d'abord des petits, puis des grands, et l'on fait ensuite alterner le travail des uns aux autres, dans l'ordre convenable. Chaque jour le travail augmente, et avec lui le besoin de bras, jusqu'à ce qu'une partie du foin ait été serrée dans le fenil ou en meule.

Le foin préparé de cette manière conserve sa couleur verte, son odeur aromatique et presque toutes ses parties utiles; il ne perd que ses parties aqueuses et ne commence point à fermenter. Pour en préparer de semblable, il faut un nombre de personnes proportionnellement considérable. Mais si l'on peut se procurer ces ouvriers, et que la température ne soit pas défavorable, on gagne en promptitude ce que l'on ajoute en main-d'œuvre, et les frais s'élèveront à peu de chose de plus que si l'on eût préparé ce foin d'une manière plus imparfaite et avec négligence.

D'autres cultivateurs laissent l'herbe qu'ils ont fauchée deux et même trois jours en andains avant de commencer à la travailler. De cette manière, ils épargnent, sans contredit, quelque main-d'œuvre, parce que l'herbe qui s'est déjà fanée dans les andains sèche promptement; mais ce foin ne demeure pas aussi vert.

Pour faire du *foin brun*, après avoir fauché on laisse l'herbe un ou deux jours en andains, et si le temps est mauvais, plus longtemps encore; puis, lorsqu'elle est essuyée, on la secoue et on la retourne; après quoi, on la met d'abord en petits monceaux; lorsqu'elle a séjourné là pendant quelques jours, on réunit ces monceaux ensemble, pour en former de plus grands. Après que le foin a demeuré dans cet état pendant quelques jours encore, on le met en meules, en ayant soin de le bien serrer. Là, il s'échauffe, entre en sueur, puis s'essuie, et devient semblable à un bloc de tourbe. Dans cette préparation, il ne faut point se laisser tenter de donner de l'air au foin et de le soulever : tout au contraire, il faut le tenir serré, afin d'empêcher que l'air n'y entre ; car là où l'air pénètre, il établit de la putréfaction et de la moisissure. Ce foin brun, que cependant on place rarement dans le fenil, mais plutôt en meules, est ensuite coupé avec des couteaux ou d'autres instruments fabriqués pour la circonstance.

Dans notre pays, l'usage des meules, pour ce qui concerne le foin, est encore, sinon inconnu, du moins fort restreint. Chez les Anglais et les Allemands, il est au contraire très-répandu ; et c'est précisément ce qui forme le complément de leur méthode. Nos cultivateurs belges, nous ne savons vraiment pour quel motif, tiennent beaucoup à placer cette espèce de fourrage dans leurs fenils ou dans leurs granges, dussent-ils même avoir recours aux meules en cas d'insuffisance de bâtiments. Les Anglais, eux, agissent d'une façon diamétralement opposée, et c'est avec infiniment de raison, puisqu'il est reconnu que tout grain mis en meules, quelle que soit son espèce, perd à la fois en qualité et en quantité, et subit, sur les marchés, une dépréciation souvent considérable ; tandis que le foin conservé de la sorte acquiert plus de force, plus de vertu, et se vend mieux que s'il avait été placé dans des fenils, où il est toujours plus ou moins exposé à se moisir et à perdre de son arome. Nous croyons donc indispensable, en raison même des avantages qu'offrent les meules pour la conservation du foin, d'indiquer comment l'on doit s'y prendre pour les construire.

D'abord, il est essentiel qu'elles soient établies sur une place élevée et à l'abri de l'humidité, place sur laquelle on doit avoir la précaution de mettre un lit de branchages secs et de paille. On y étend alors le fourrage avec les bras, et on le range par couches régulières, en marchant dessus et le comprimant avec les pieds autant que cela est possible. De sa base, la meule va en s'élargissant jusqu'à une certaine hauteur. Alors on rétrécit peu à peu les couches de foin, en sorte que la partie supérieure prenne la forme d'un toit qui se termine en pointe. Enfin l'on couvre cette partie supérieure avec de la paille, au moyen de quoi l'eau de pluie peut s'en écouler sans endommager le moins du monde le foin qui est au-dessous.

Ces meules reçoivent des formes variées ; quelquefois on les fait rondes, d'autres fois carrées ; le plus souvent elles forment un carré long. Cette dernière forme est préférable en ce qu'on peut allonger la meule à volonté, et que, si on le juge convenable, on peut placer tout le foin en une seule. On dirige un des pignons d'un des côtés d'où vient le plus ordinairement la pluie, selon le climat, afin de présenter la moindre surface à ce côté du vent et de la pluie. La partie supérieure, ou le toit, est arrangée, du côté de ce pignon, en forme de croupe de comble.

Lorsqu'on a achevé la meule, on ne se borne pas à la peigner avec le râteau, on la coupe encore soigneusement. S'il y a quelques inégalités, circonstance que cependant on cherche à éviter autant qu'on le peut, on les répare, afin qu'il ne s'y introduise pas d'humidité ; enfin on y met la couverture de paille, et tout autour de la meule on creuse une raie par laquelle l'eau qui dégoutte de cette meule puisse s'écouler.

Après un certain temps, le foin mis en meule s'est tellement tassé et comprimé, qu'il serait long et difficile de l'arracher avec la fourche. On se sert, comme nous l'avons dit plus haut, d'un couteau ou d'une doloire bien tranchante, et, matin et soir, on coupe ce dont on a besoin pour la nourriture des bêtes : cette opération n'est pas longue. L'attention qu'on doit avoir est de couper perpendiculairement à une certaine hauteur, et d'une manière uniforme; mais il faut avoir soin, autant qu'il est possible, de laisser dans la partie supérieure un petit rebord pour couvrir la partie inférieure. A mesure que l'on monte, ce rebord est abattu; on en laisse un autre, et ainsi de suite. Les *regains* ou seconds foins nécessitent plus que le foin d'ouvrir des tranchées avec la doloire, parce que l'herbe est plus fine, et par conséquent plus serrée dans la meule.

Les meules disposées en longueur ont cet avantage que l'on peut y prendre le foin à mesure qu'on le consomme, pourvu qu'on le coupe perpendiculairement, du côté opposé à celui d'où vient ordinairement la pluie, tandis que, lorsque le temps est pluvieux, les meules rondes et carrées doivent être serrées tout à la fois. Il convient que ces meules soient placées dans une cour particulière, entourée de haies; là on peut plus facilement avoir l'œil sur la provision de fourrage que lorsqu'elle est répartie dans les granges, et par conséquent on peut mieux en modérer la consommation lorsque les circonstances l'exigent.

On a encore admis, en Angleterre, une pratique qui a déjà été bien des fois recommandée en Belgique, mais qui n'en a pas été pour cela moins négligée : c'est celle de *saler les fourrages* au moment de la récolte en les saupoudrant de 8 à 10 kilogrammes de sel commun sur 1,000 kilogrammes de matières sèches. Ainsi salé, le foin devient un excellent préservatif contre la pourriture; et le sel, en peu de temps dissous et absorbé par ce foin, le défend de la moisissure, et lui donne, avec des propriétés toniques, une saveur qui plait à tous les animaux. Le sel est surtout utile dans le foin des prés humides ou dans celui qui a été mal récolté : on rapporte même que du foin presque pourri par la pluie, saupoudré de sel à l'époque de la récolte, a eu la préférence du bétail sur un autre, qui était bon, mais non pas salé.

Toutes ces méthodes, toutes ces pratiques nouvelles méritent, nous le répétons, de fixer sérieusement l'attention des cultivateurs; mais comme elles exigent beaucoup de soins, beaucoup d'attention et surtout une certaine expérience, nous leur conseillerons de procéder d'abord par la voie des essais, et ce, jusqu'à ce qu'un bon apprentissage leur ait permis de s'y livrer définitivement sans avoir plus à craindre la moindre cause de perte.

Les nombreuses considérations dans lesquelles nous sommes entrés, relativement à la fenaison et à la conservation du foin, sont en quelque sorte applicables au *regain*. Celui-ci, qui se fait ordinairement en septembre, se traite en effet de la même manière, excepté qu'il demande à être fauché encore plus près de terre, et qu'il est plus difficile à sécher. Quand on fait pâturer les prairies, on doit cesser avant le 15 ou le 20 mars, et observer en outre les règles indiquées plus loin pour les pâturages; on doit surtout en éloigner les porcs et les oies.

§ LXIII. — *Des pâturages.*

Les pâturages sont de deux espèces : permanents (qui restent toujours comme tels) ou alternes.

1° *Les pâturages permanents* peuvent être communaux (pâtis) ou appartenir à des particuliers. Les premiers sont partout les terrains les plus mal employés : aussi trouve-t-on de l'avantage à les partager entre les habitants de la commune ou à les louer. Les seconds donnent plus de profit, parce qu'ils sont mieux soignés. Il y a même certains pâturages dans les montagnes et sur les bords des rivières qui, étant propres à l'engraissement du bétail, donnent de grands bénéfices. Néanmoins, les pâturages ordinaires offrent en général peu d'avantages, et, à moins d'un sol par trop mauvais ou d'une position trop difficile, il vaut mieux les changer en terres arables, ou en prés, si on peut les arroser. Du reste, les améliorations à y faire sont les mêmes que dans les prés, sauf l'irrigation.

2° *Les pâturages alternes* sont des terrains qu'on met alternativement en culture et en pâturages. On les établit de la même manière que les prés. Les meilleures plantes à semer pour cet usage sont : le *ray-grass* (anglais ou d'Italie), le *trèfle blanc*, la *lupuline* ou *minette* et la *pimprenelle* (POTERIUM SANGUISORBA), auxquels on peut associer, dans les bons terrains, le *fromental*, l'*agrostis traçante* (AG. STOLONIFERA), le *dactyle pelotonné*, et dans les sols arides, la *fétuque des moutons* et le *brome* des prés ; on y joint aussi de la fleur de foin. Dès qu'on a récolté la céréale dans laquelle on a semé le pâturage, on peut y mettre le bétail lorsque l'herbe est assez forte. On conserve le pâturage aussi longtemps qu'il est en bon état, puis on le rompt après avoir ensemencé d'autres terrains de la même manière. Le sol léger gagne considérablement à rester ainsi pendant quatre ou cinq ans. On sait en outre que ces pâturages ont en général une meilleure herbe que les autres.

Dans tous les pâturages, on doit avoir soin de couper, avant qu'elles ne viennent à graine, les plantes auxquelles le bétail ne touche pas, d'entretenir les sillons d'écoulement, et d'étendre les taupinières et les fourmilières. On doit aussi éviter d'y mettre le gros bétail lorsque la terre est trempée. Enfin on a soin de diviser, au moyen de clôtures et de fossés, le pâturage en plusieurs parties égales, que l'on fait pâturer tour à tour, car il faut donner à l'herbe le temps de repousser. D'ailleurs le bétail qui a trop d'espace court beaucoup, et gâte plus avec les pieds qu'il ne consomme.

Lorsqu'on a des bêtes bovines (bœufs, vaches), des chevaux et des moutons, on fait pâturer le terrain d'abord par les premières qui aiment l'herbe la plus haute, ensuite par les chevaux, enfin par les moutons qui broutent ras. Les oies et les porcs doivent avoir des pâturages à part. Derrière les bêtes bovines et les chevaux, les pâtres doivent avoir soin d'étendre les fientes lorsqu'elles sont encore fraîches, sans quoi il se forme des *touffes d'engrais* que le bétail dédaigne, et qui détériorent le pâturage.

Quant à la *vaine pâture* dans les jachères et dans les *éteules*, elle est presque nulle lorsque le sol est bien cultivé, car on ne doit pas donner le temps à l'herbe de pousser. Lorsque néanmoins on commence les cultures tard, on peut entretenir quelque bétail par ce moyen, mais ordinairement aux dépens de la propreté du sol et des récoltes, de sorte que c'est souvent une nourriture très-chère.

ARTICLE II. — PRODUCTION DES FOURRAGES ARTIFICIELS.

Les fourrages artificiels, sont pour l'agriculture, une source inépuisable de richesse et de prospérité. Ce n'est que depuis l'époque où ils ont été connus et introduits que l'industrie agricole s'est améliorée. Et cependant les cultivateurs les repoussaient au premier abord, parce que ce n'était pas la coutume d'en cultiver. Aujourd'hui, dans les contrées les plus riches de la Belgique, la culture repose entièrement sur les fourrages artificiels, car ces contrées manquent la plupart de prés et de pâturages naturels. On commence aussi à les cultiver davantage dans les localités les plus arriérées; mais on n'en tire pas tout le profit qu'on pourrait, parce qu'on les cultive mal et qu'on répugne de faire subir au système de culture quelques modifications nécessaires pour l'adoption des bonnes méthodes.

Les fourrages artificiels se divisent en deux classes : ceux qui sont cultivés pour leurs tiges et leurs feuilles, ou les *fourrages proprement dits*, et ceux qui sont cultivés pour leurs racines, ou les *fourrages-racines*.

Il est si important de ne pas manquer de fourrages, qu'on doit tout faire pour assurer la réussite de ces récoltes. La première chose est de se procurer de bonnes semences, et pour cela on ne doit pas regarder au prix, car la mauvaise est toujours la plus chère. Le sol doit être parfaitement préparé et doit avoir reçu au moins un labour profond, surtout pour les fourrages dont les racines pénètrent loin. On nettoiera et on ameublira complétement le terrain, principalement pour les graines fines, et on ne sèmera ces dernières que lorsque la terre se sera *rassise*, c'est-à-dire sur vieux labour. Pour les récoltes à faucher, la surface doit être aplanie et épierrée, afin que la faux puisse bien fonctionner. Lorsqu'on sème plusieurs espèces de graines dans le même terrain, on ne mêle ensemble que celles qui sont égales en poids et en grosseur. La céréale dans laquelle on sème un fourrage ne doit pas être trop forte ou trop épaisse: si elle menaçait d'étouffer le fourrage, on ne devrait pas hésiter à la couper en vert.

FOURRAGES PROPREMENT DITS.

§ LXIV. — *Du trèfle commun.*

Le trèfle commun ou *trèfle rouge* (TRIFOLIUM PRA-
TENSE) est le plus important fourrage, celui qui remplace principalement les prés et les pâturages naturels. Le trèfle aime une année chaude et assez
humide, surtout au printemps. Les mois d'avril et
de mai décident du produit. Il craint peu le froid
avant d'être monté en tiges; mais après cette époque
les gelées tardives lui font du tort. Une terre franche
assez compacte, un peu calcaire, riche, profonde et
bien égouttée, est celle qui lui convient le mieux.
Les terrains légers ou peu profonds ne donnent de
bons produits que dans les années humides. Le trèfle,
ne poussant que lentement la première année, est
facilement étouffé par les mauvaises herbes dans les
terrains sales; la propreté du sol est donc une condition de sa réussite. On ne le sème jamais seul, mais
ordinairement dans une céréale, quelquefois aussi
dans du sarrasin, dans du lin ou dans du colza d'été,
où il réussit bien. La place qu'on lui réserve dans
l'assolement influe beaucoup sur sa bonne ou mauvaise venue. Dans certaines parties de notre pays, on
le sème dans le seigle; cependant la méthode la plus
ordinaire est de le semer dans les marsages. On
récolte alors dans la jachère; c'est commode, mais
peu profitable; la terre est déjà trop dégraissée et
trop salie de mauvaises herbes après deux céréales
de suite pour que le trèfle y réussisse. Plus un trèfle
est beau, plus il améliore le sol; un mauvais trèfle,
au contraire, ne donne qu'un chétif produit, et laisse
après lui le terrain plus épuisé et plus sale qu'aupa-

ravant. Il est donc essentiel de le mettre à une place convenable On doit le semer dans un blé ou un seigle venant sur jachère, ou dans un marsage venant après une récolte sarclée et fumée : si nos cultivateurs adoptaient cette méthode, ils ne verraient pas leurs trèfles manquer aussi souvent. Le trèfle ne peut revenir que tous les six ou huit ans dans le même terrain ; toutes les récoltes, mais surtout les pommes de terre, l'avoine et le blé, réussissent parfaitement après un beau trèfle. On sème à la volée, depuis février jusqu'en mai, 10 à 15 kilogrammes de graine par hectare et sur une terre bien émiettée. Les semailles précoces sont les plus sûres. La meilleure méthode, lorsqu'on sème dans les céréales d'hiver, est de herser fortement d'abord, de répandre la semence, et ensuite de passer une petite herse, ou, si le temps est à la pluie, simplement le rouleau pardessus. Quand on met le trèfle dans un marsage, on sème et on recouvre d'abord celui-ci, après quoi on sème le trèfle et on le recouvre de la manière indiquée. Le trèfle manque quelquefois par les sécheresses ou par les puces de terre : on peut alors le ressemer dès que la céréale est enlevée et après avoir cultivé le terrain. Le meilleur amendement pour le trèfle est le *plâtre*; on le répand au printemps lorsque l'on n'a plus de gelée à craindre. Quelques cultivateurs ont la coutume de répandre, immédiatement après la semaille, la moitié du plâtre ; l'autre moitié est mise au printemps suivant. Cette méthode est fort bonne parce qu'elle assure la levée et la réussite des jeunes plantes. On amende aussi avec de la suie, des cendres et du purin. Le trèfle destiné à être séché se fauche au commencement de la fleur, et donne alors une deuxième et quelquefois une troisième coupe. Pour la consommation en vert, on commence à faucher lorsqu'il a un pied de hauteur : passé la fleur, le bétail ne le mange plus en vert.

La dessiccation (le fanage du trèfle) doit se faire de manière que les tiges conservent leurs feuilles, qui sont la meilleure partie de la plante. Voici comment on s'y prend dans ce but. On répand les andains, et après avoir retourné le trèfle deux ou trois fois avec une fourche ou le manche du râteau, on le met en bocottes, que l'on ne défait plus, mais qu'on se contente de retourner et d'aérer jusqu'à ce qu'on puisse en former de moyens tas et enfin de grands tas, auxquels on donne également de l'air lorsqu'ils sont mouillés. Au lieu de répandre les andains, on peut aussi les laisser subsister pendant deux ou trois jours ; puis, après les avoir retournés et les avoir laissés dans cet état pendant le même laps de temps, on en fait des javelles qu'on met directement en gros tas, comme dans la méthode précédente, aussitôt que le trèfle est assez desséché pour ne plus craindre la fermentation. Le produit du trèfle en fourrage sec est, dans les pays de bonne culture, de 6,000 à 7,000 kilogrammes par hectare ; cependant, dans la plupart des cas, il ne dépasse pas 4,000 à 5,000 kilogrammes : 100 kilogrammes de trèfle vert font 22 à 25 kilogrammes de trèfle sec. Ce dernier vaut autant que le bon foin. On conserve quelquefois le trèfle sur la même terre pendant deux ans ; mais la seconde année, le produit est minime, et la terre se fatigue et se salit. Pour avoir de la graine, on laisse mûrir la deuxième coupe dans les terrains les plus secs ; on la fauche lorsque les têtes s'enlèvent facilement à la main, et on la laisse en andains qu'on retourne avec précaution jusqu'à ce qu'ils soient secs. On profite d'un jour de gelée ou de sécheresse pour battre. Les têtes étant séparées de la paille sont ensuite séchées au soleil, ou dans un four modérément chauffé, puis on les bat au fléau pour débarrasser la graine de son enveloppe; on peut aussi, dans ce but, les faire passer sous la meule d'un moulin à huile ou à plâtre. La dessiccation parfaite des têtes est nécessaire pour l'extraction de la graine; mais lorsque cette dessiccation a lieu au four, il est très-important que celui-ci ne soit pas trop chaud, sans quoi la semence ne germe plus. Le produit varie entre 300 et 1,000 kilogrammes de graine par hectare. Le trèfle est quelquefois détruit par les souris, par les limaçons, et par le déchaussement; il est sujet à la miellée et souffre de la *cuscute*, qui se montre dans la deuxième coupe et la détruit quelquefois complétement.

§ LXV. — *Du trèfle blanc.*

Le trèfle blanc est vivace, et dure plusieurs années; il s'élève moins, mais croît plus touffu, et supporte mieux la sécheresse et l'humidité que le trèfle rouge. On le fait ordinairement pâturer, et il convient parfaitement à cet usage; on le fauche aussi, et il donne alors une seule coupe assez abondante. Presque tous les terrains lui conviennent. On répand par hectare 10 à 13 kilogrammes de graine qu'on traite comme celle du trèfle commun.

§ LXVI. — *Du trèfle incarnat.*

Le trèfle incarnat est important parce qu'il donne, dans le courant d'avril et avant tout autre fourrage, une coupe abondante, et qu'il vient dans des terrains sablonneux et légers. On sème, après la moisson, sur les chaumes retournés ou seulement hersés, 20 kilogrammes de graine mondée, ou 40 à 50 kilogrammes de graine en gousse par hectare. Il ne donne qu'une coupe, et son fourrage est moins bon que celui des autres espèces ; mais on peut, après la récolte, planter des pommes de terre, repiquer des betteraves, semer du sarrasin, du millet, du maïs, etc., ou donner encore une jachère complète.

§ LXVII. — *De la luzerne.*

Cette plante est pour beaucoup de localités le fourrage le plus important. Elle le serait partout, à cause de son produit considérable, si elle n'était pas aussi difficile sur la nature du terrain. Elle veut de la chaleur, et craint plus l'humidité que la sécheresse. Une terre riche, meuble, exempte d'humidité et surtout profonde, lui est nécessaire. La nature du sous-sol est très-importante pour sa réussite, parce que les racines s'enfoncent beaucoup ; elle préfère les sous-sols légèrement calcaires ou formés par un sable gras ; elle réussit par cette raison dans les terrains limoneux des bords de la Meuse et pourrait devenir pour beaucoup de contrées, et notamment pour les Ardennes, où le sol est très-profond et très-meuble, une source de bénéfices si elle y était répandue et bien cultivée. La luzerne, durant plusieurs années, exige, plus encore que le trèfle, une préparation qui procure au sol de la fertilité, un profond ameublissement et une entière propreté. On ne la met jamais sur fumure fraîche, mais après une récolte ou une jachère bien fumée. Du reste, elle se sème et se traite comme le trèfle. On peut aussi la semer seule depuis avril jusqu'en août ; cette méthode est néanmoins peu usitée. On répand 20 à 25 kilogrammes de graine par hectare. Il ne convient pas d'y mêler du trèfle, celui-ci poussant avec beaucoup de vigueur dans le début et pouvant étouffer la jeune luzerne. On peut plâtrer la luzerne tous les ans et la herser fortement au printemps, une fois qu'elle est bien enracinée. La luzerne, en bon terrain, et fauchée avant la fleur, peut donner chez nous trois et même quatre coupes, et par hectare, un produit de 7,000 à 8,000 kilogrammes de fourrage sec, meilleur ou au moins aussi bon que le trèfle. La dessiccation se fait de même que pour le trèfle, mais plus facilement. La luzerne dure de six à vingt ans. On la rompt lorsqu'elle s'éclaircit et se salit. Le terrain doit rester le même espace de temps avant d'en porter de nouveau. On ne laisse venir à graines que les luzernes qu'on veut rompre la même année, ou la suivante; elles en donnent un peu plus que le trèfle.

§ LXVIII. — *De la lupuline ou minette.*

La lupuline est une espèce de luzerne qui ne dure que deux ans comme le trèfle, avec lequel on la mêle souvent. Elle vient dans des terrains secs et pauvres, et peut être fauchée et pâturée. La culture en est la même que celle du trèfle. Elle ne donne qu'une coupe, mais son fourrage est estimé, et lorsqu'elle est pâturée, elle repousse promptement. On la cultive en assez grande quantité dans le Condroz et autres contrées analogues.

§ LXIX. — *Du sainfoin.*

Cette plante précieuse est celle qui fournit le meilleur de tous les fourrages; elle réussit dans presque tous les climats et dans les sols les plus pierreux et les plus arides, pourvu qu'ils soient exempts d'humidité stagnante. On croyait autrefois que le sainfoin ne venait que dans les terres calcaires, mais sa réussite dans les grèves siliceuses de Thionville et de plusieurs autres lieux prouve qu'il s'accommode de tous les terrains secs et pierreux. Le sainfoin demande la même préparation de terrain que le trèfle, et veut surtout des labours profonds, mais il craint peu la terre neuve et motteuse. On la sème pendant toute la bonne saison, seul ou dans une céréale, à raison de 5 à 6 hectolitres de graine dans son enveloppe par hectare. Il lui faut les mêmes soins qu'à la luzerne, et il dure à peu près autant. On peut le faucher deux fois, mais le regain rend peu, excepté dans une variété que l'on nomme, par cette raison, *sainfoin à deux coupes*, et qui produit plus, mais demande un meilleur sol que l'autre. Le produit est d'environ 3,000 kilogrammes de fourrage sec par hectare. La graine, qu'il est avantageux de récolter chez soi, parce que celle du commerce est souvent mauvaise, se cueille à la main lorsqu'elle est bien mûre. Un hectare en produit souvent de 10 à 14 hectolitres. Le sainfoin ne supporte pas le pâturage des moutons, et il ne peut revenir qu'au bout de six à huit ans dans le même terrain.

§ LXX. — *De la spergule.*

Cette plante donne un produit minime, mais elle vient dans les terrains les plus sablonneux, fournit le meilleur fourrage après le sainfoin, et donne une coupe au bout de deux mois ; de sorte qu'on peut, dans le même terrain, la semer et la récolter trois fois dans l'année, en commençant en février ou en mars. Plusieurs expériences faites en Campine et en Ardenne ont prouvé que la spergule peut être d'un grand secours pour le défrichement des bruyères dont ces contrées sont couvertes. Avant chaque semaille, on donne un labour et un hersage; on la sème souvent après une céréale d'hiver. On répand par hectare 80 à 100 litres de graine qu'on recouvre à la herse; on peut faucher ou faire pâturer la récolte; pour avoir la graine, on ne coupe la spergule de la première semée qu'en juin; on la bat au fléau. Le beurre des vaches nourries de spergule est de qualité supérieure.

§ LXXI. — *Du fromental.*

Le fromental (AVENA ELATIOR), dont il a déjà été question, se cultive souvent comme fourrage, soit seul, soit en mélange avec de la luzerne, du sainfoin, du trèfle, etc. C'est une des graminées les plus productives que nous ayons. Elle veut un terrain riche et frais, se sème seule ou dans une céréale, à raison de 100 kilogrammes de graine par hectare, et peut être coupée trois fois dans l'année. Elle dure six à huit ans. Son foin est de bonne qualité, mais un peu gros et sujet à sécher promptement sur pied; aussi doit-on faucher de bonne heure.

On cultive de même le *ray-grass anglais*, qui vient dans de pauvres terrains, et se sème souvent en mélange avec du trèfle blanc ou rouge, mais plutôt pour pâturage que pour prairie. Lorsqu'on le sème seul, il faut de 40 à 50 kilogrammes de graine par hectare. Quant au *ray-grass d'Italie*, il produit un fourrage abondant et donne beaucoup, mais il veut un terrain très-riche et frais.

§ LXXII. — *Fléole, vulpin et brome des prés.*

La fléole des prés, dont nous avons déjà dit un mot, se contente de terres assez médiocres pourvu qu'elles soient fraîches; elle donne un produit considérable. On la cultive seule ou en mélange ; comme elle est très-tardive, on ne doit pas l'associer avec des espèces trop hâtives : l'agrostis traçante et les deux fétuques mentionnées plus haut peuvent, sous ce rapport, lui être convenablement adjointes.

Le vulpin des prés donne un produit abondant et d'excellente qualité. Malgré sa précocité, il peut s'associer avec d'autres plantes plus tardives, parce que ses tiges restent longtemps vertes. Une terre riche, humide ou du moins fraîche, est la seule qui lui convienne.

Le brome des prés donne un fourrage médiocre et en assez faible quantité ; mais il a le grand avantage de venir dans les terres les plus pauvres et les plus arides, et de durer fort longtemps.

§ LXXIII. — *De la laitue.*

La laitue se cultive avantageusement en petite étendue dans les fermes où il y a un grand nombre de porcs, parce que ces animaux l'aiment beaucoup et s'entretiennent en bonne santé avec cette nourriture. On sème successivement en avril et mai une dizaine d'ares en terre riche et meuble, à raison de trois quarts de kil. de graine, à la volée, ou un demi-kil. en rayons pour cette étendue. On recouvre peu.

§ LXXIV. — *De la chicorée sauvage.*

La chicorée sauvage est un fourrage très-productif, précoce, salutaire, et qui plaît à tous les bestiaux, même aux porcs, lorsqu'une fois ils y sont habitués. Cette plante craint peu la sécheresse et vient partout, pourvu que le sol soit bien préparé et fumé. On la sème au printemps, à raison de 12 kilogrammes de graine par hectare, seule ou dans une céréale ; on peut la mêler au trèfle et au sainfoin. Elle dure quatre à cinq ans, et donne par année trois à quatre coupes qui sont consommées en vert. On en cultive une variété pour ses racines, qui sont longues et charnues comme les carottes, et qui, séchées, brûlées et moulues comme le café, remplacent en partie celui-ci : cette variété peut également être utilisée pour fourrage.

§ LXXV. — *Des choux.*

On en possède un grand nombre de variétés ; la plus cultivée en grand, pour la nourriture du bétail, est *le chou cavalier* (*chou vache*, *chou du Poitou*). Dans les terrains propices, il donne un produit énorme, très-recherché du bétail, et qui est d'une grande ressource dans l'arrière-saison. Il craint la sécheresse et les grands froids ; néanmoins on en a une variété, *le chou frisé du Nord*, qui résiste bien à l'hiver. Le chou veut un sol argileux, propre, meuble et surtout fortement fumé. Comme *récolte sarclée*, il tient quelquefois la place de la jachère, mais on ne peut le faire suivre d'une céréale d'hiver, parce qu'il reste en terre pendant toute cette saison. On le sème en pépinière dans un coin du jardin en juillet et août, pour repiquer en septembre, octobre ou novembre, ou on le sème en mars et avril, pour repiquer en mai. Cette dernière méthode est la meilleure dans nos contrées. Une demi-livre de graine donne du plant pour repiquer un hectare. On bine la pépinière et on éclaircit à temps ; le repiquage se fait au plantoir par un temps humide et sur labour frais, en lignes de 27 à 36 pouces de distance ; les plants sont mis à 18 pouces les uns des autres ; la terre doit être tenue bien nette et meuble par des sarclages entre les lignes. On récolte les feuilles en automne et pendant l'hiver, en commençant par celles du bas, jusqu'au printemps de la seconde année, époque à laquelle ils montent en graine; on coupe alors la tige, qui se donne également au bétail. Ces choux servent quelquefois à engraisser des bœufs, et le beurre des vaches qui en mangent est particulièrement estimé.

Les choux cabus ou à tête se cultivent de même, donnent un produit presque aussi élevé, mais ne peuvent rester l'hiver dehors, et se conservent mal dans les caves ou silos, de sorte qu'on ne peut les cultiver qu'en petite quantité pour la nourriture d'automne du bétail.

FOURRAGES-RACINES.

Les plantes qui composent cette division sont cultivées principalement pour leurs racines, qui servent à la nourriture de l'homme et du bétail. Étant toutes des *récoltes sarclées*, elles tiennent lieu de la jachère, et se mettent entre deux récoltes de grains pour nettoyer et ameublir le sol; elles ont en outre l'avantage de donner la plus grande masse d'aliments que l'on puisse tirer de la terre. Elles demandent, il est vrai, des cultures fréquentes et minutieuses pendant leur croissance, mais ces cultures sont presque toujours moins coûteuses que celle de la jachère. Du reste, comme les frais sont les mêmes, que la récolte soit chétive ou abondante, la première condition pour tirer profit de ces plantes, c'est de ne les cultiver que dans des terres riches et bien fumées, dans lesquelles on obtient un grand produit sur un petit espace.

§ LXXVI. — *De la pomme de terre.*

C'est aujourd'hui pour une foule de contrées, et notamment pour la Belgique, une des premières et des plus importantes récoltes. A la vérité, la maladie qui est survenue, il y a quelques années, et qui n'a pas cessé d'exercer ses ravages jusqu'à ce jour sur cette plante, a pu faire craindre un instant que l'industrie agricole ne fût à la veille d'en perdre à jamais les avantages ; mais les faits tendent tous les jours davantage à démontrer que le cas est moins grave que ne l'annonçaient certaines prévisions, établies sans doute sur des observations incomplètes : nous pouvons, en effet, croire maintenant avec raison que la Providence conservera à l'homme ce *pain tout fait,* en permettant sa réussite comme par le passé.

Quoique originaires du Pérou, les pommes de terre (du moins les espèces hâtives) viennent encore dans des localités très-froides, et, à l'exception de l'argile compacte et des marais, tout terrain leur convient ; mais un sol meuble et fertile est celui qu'elles préfèrent. Dans les années ordinaires, elles sont de meilleure qualité dans les terres de sable que dans les fortes terres ; le contraire a lieu dans les années très-sèches. La pomme de terre se met chez nous souvent dans la jachère ; mais ce n'est pas la meilleure place qu'on puisse lui donner, d'abord parce que, succédant à deux céréales qui ont fortement sali le sol, elle exige beaucoup de cultures coûteuses ; ensuite parce que, en général, les grains d'hiver viennent assez mal après les pommes de terre, à moins qu'elles ne se récoltent de fort bonne heure. Il vaut mieux les mettre (comme cela se fait dans la province de Limbourg), dans la saison des marsages, et les faire suivre de

colza qu'on repique, ou de pois, de vesces, de féveroles, de lin, etc., plantes après lesquelles le blé
réussit mieux. Du reste, elles réussissent après toute
espèce de récolte, et après elles-mêmes. On fume fortement les pommes de terre qu'on destine au bétail :
celles qu'on réserve pour le ménage doivent l'être
moins. La préparation du sol est la même que pour
toute récolte de printemps; il faut un labour profond
avant ou après l'hiver. On plante les tubercules et on
choisit pour semence les plus sains et les plus beaux.
Ceux qui sont très-gros peuvent être coupés en plusieurs morceaux. On ne doit pas planter moins de
20 à 25 hectolitres à l'hectare. La plantation des
pelures, des yeux ou des germes, réussit dans de
riches terrains et de bonnes années, mais ne donne
jamais qu'un petit produit. Dans tout terrain qu'on
laboure à la charrue, on plante derrière celle-ci
chaque deuxième ou troisième raie, en plaçant les
pommes de terre sur le côté de la bande retournée,
si c'est une terre forte, humide; et au fond de la raie
si c'est une terre sableuse. On met les tubercules à
8 ou 12 pouces les uns des autres dans la raie. Le
fumier est ordinairement couvert en même temps que
les tubercules; si l'on en a peu, on se borne à le
mettre avec un râteau dans les raies plantées. Quand
on plante à la houe, il faut faire des trous assez
grands, et les placer également en lignes, afin de
faciliter les cultures. L'époque de la plantation des
pommes de terre, pour nos contrées, est du 1er avril
au 15 mai; mais, depuis l'invasion du fléau qui les a
attaquées, on a reconnu que le meilleur moyen de les
en préserver est de choisir des espèces hâtives et de
les planter de fort bonne heure, afin de pouvoir récolter très-tôt. Dès que les plantes se montrent, on leur
donne un ou deux forts hersages; plus tard on les

sarcle à la houe à main ou avec la houe à cheval. Lorsqu'elles ont un pied de longueur, on les butte une première fois, et, quinze jours après, une seconde fois; on profite d'un temps sec pour faire cette opération. Il y a certaines espèces qu'il ne faut butter que légèrement : ce sont celles dont les tubercules croissent espacés et près de la surface. La pratique du buttage est rejetée par certains agronomes pour toutes les variétés de pommes de terre, et cette opinion, appuyée chez eux sur des faits, paraît fondée lorsque l'on examine les produits de cette culture dans la comptabilité, pour des pommes de terre buttées ou non buttées. Les avantages sont presque toujours pour les dernières.

On ne récolte que lorsque la fane commence à se dessécher. L'arrachage se fait à la bêche, au crochet ou au trident, ou bêche à trois dents; ce dernier instrument est le meilleur. L'homme qui arrache marche à reculons, et les personnes qui ramassent le suivent. Les pommes de terre ne sont pas coupées comme avec la bêche, et on ne marche pas dessus comme avec le crochet. Lorsque les pommes de terre sont en lignes, et c'est presque toujours le cas, on peut aussi les arracher à la charrue, ce qui est encore plus expéditif. On prend alors de deux lignes l'une, et on jette toujours du même côté, comme quand on laboure en billons. Lorsqu'on a terminé ainsi, et qu'on a ramassé les pommes de terre qui ont été ramenées à la surface, on reprend les lignes laissées; de cette manière, il n'y a ni confusion ni perte. Après l'arrachage, on herse en long et en travers, puis on laboure. Des enfants qui suivent ramassent les pommes de terre que la herse et la charrue mettent à découvert.

Avec une bonne culture, on récolte par hectare de 200 à 300 hectolitres, qui pèsent chacun 75 kilo-

grammes, et équivalent à plus de la moitié de leur
poids en foin ; ce qui fait un produit égal à 8,000
ou 12,000 kilogrammes de foin, c'est-à-dire ce que
donnent 2 ou 3 hectares d'excellents prés. Les pommes de terre se conservent très-facilement dans des
celliers ou dans des silos à l'abri de la gelée, pourvu
qu'elles n'aient pas été rentrées humides ou par un
temps chaud, et qu'elles ne soient pas gelées. La conservation dans les silos présente beaucoup d'avantages,
et devait remplacer, chez les pauvres gens qui n'ont
point de cave, la méthode malsaine de les conserver
dans des chambres. La composition des pommes de
terre se rapproche beaucoup de celle des grains. Elles
contiennent de 20 à 32 pour cent de matière solide
et nutritive. Les variétés hâtives et celles à petits tubercules sont généralement les meilleures, se conservent le mieux, mais rendent le moins. On crée de
nouvelles variétés en semant de la graine et en re-
plantant chaque année les tubercules qu'on en obtient.
Ils sont d'abord très-petits, mais ils grossissent chaque année, et ne tardent pas à acquérir les dimensions
ordinaires. On multiplie les variétés qui réunissent
les qualités recherchées.

Les pommes de terre servent à faire de l'eau-de-
vie et de la fécule (farine). Pour obtenir ce dernier
produit dans les ménages, on râpe les pommes de
terre sur un tamis placé dans un baquet d'eau ; on
remue bien et on laisse reposer l'eau du baquet ; on
la verse lorsque la fécule s'est déposée au fond.

Les pommes de terre sont mangées par tous les bestiaux une fois qu'ils y sont habitués. Néanmoins elles
ne doivent pas être données crues en grande quantité, surtout aux bêtes pleines, parce qu'elles peuvent
causer des avortements. Du reste, elles favorisent la
sécrétion du lait aux dépens même de l'embonpoint

de l'animal. Cuites, elles sont au contraire meilleures pour les bêtes à l'engrais que pour les bêtes laitières, et peuvent être données sans inconvénient en forte quantité, même aux chevaux ; elles remplacent très-bien chez ces animaux une bonne partie du grain. La cuisson augmente leur qualité nutritive. La meilleure manière de cuire les pommes de terre, c'est au four ou à la vapeur, dans une marmite qui n'a d'eau que jusqu'au quart, et dans le fond de laquelle on fixe un plateau en fer-blanc ou en osier percé de trous. Les pommes de terre se mettent par-dessus le plateau et ne doivent pas tremper dans l'eau, dont la vapeur seule les pénètre et les cuit. Les pommes de terre, quoique saines et nourrissantes, ne peuvent cependant entretenir seules la santé et la vigueur chez les hommes. Il faut pour cela qu'elles soient consommées avec une substance animale, comme la viande, le lard, la graisse ou le lait. Ce dernier aliment convient surtout pour les accompagner. On a, dans la Lorraine allemande, une méthode qui mériterait d'être adoptée dans beaucoup de parties de la Belgique. La pomme de terre y forme la nourriture principale. On la mange à tous les repas, cuite *en robe de chambre*, et on accompagne chaque bouchée d'une cuillerée de gros lait (lait caillé), qui est moins cher et plus nourrissant que le lait frais. Une autre précaution non moins utile serait de ne jamais manger de pommes de terre sans sel. Des faits nombreux ont prouvé que le sel est plus nécessaire encore avec la pomme de terre qu'avec tout autre aliment. Le bétail qui consomme beaucoup de pommes de terre devrait également recevoir chaque jour un peu de sel.

§ LXXVII. — *Du topinambour.*

Le topinambour nous vient de l'Amérique, comme

la pomme de terre, et se cultive de même. Il réussit mieux que celle-ci dans les terrains arides et pauvres, craint moins les gelées, et peut rester en terre pendant tout l'hiver; enfin ses tiges et ses feuilles, coupées en octobre ou novembre, offrent une nourriture abondante et saine aux moutons. En revanche, le topinambour rend moins que la pomme de terre; il est aussi un peu moins nourrissant; il est en outre difficile à expulser d'un terrain lorsqu'une fois il s'en est emparé, parce que le plus petit bout de racine repousse des jets et des tubercules : aussi est-on obligé de le cultiver plusieurs années de suite dans le même terrain, et de mettre après lui une récolte à faucher, telle que le trèfle ou la luzerne, qui assez ordinairement le font disparaître.

§ LXXVIII. — *De la betterave.*

La betterave acquiert tous les jours plus d'importance pour la nourriture et surtout pour l'engraissement du bétail à l'étable, ainsi que pour la fabrication du sucre.

Il y a plusieurs variétés de betteraves. Les plus cultivées sont la *disette* ou *betterave rose*, sortant de terre, et la *betterave blanche de Silésie* ou *betterave à sucre*. La première est la plus grosse et donne un produit considérable, mais elle est moins nourrissante, moins sucrée, souffre plus des gelées hâtives d'automne et se conserve moins bien que la betterave à sucre; cependant, comme elle paraît meilleure que cette dernière pour les bêtes laitières, il est bon d'en cultiver une certaine quantité pour les faire consommer en premier lieu, surtout lorsqu'on a une vacherie importante.

La betterave réussit très-bien dans toute la Belgi-

que, et supporte la sécheresse mieux que les autres
récoltes-racines ; les gelées tardives et hâtives lui font
peu de tort. Une terre franche, meuble et fertile, est
celle qui lui convient le mieux ; mais elle réussit encore dans les sols sablonneux ou argileux, pourvu
qu'ils soient riches naturellement ou bien fumés. On
la sème en place ou on la repique. Dans la première
méthode, qui est la plus répandue, on sème dans le
courant d'avril sur terrain labouré avant l'hiver, et
fumé et labouré en février ou mars. On répand les
graines en lignes dans le sol au moyen du semoir-
brouette ou du semoir à cheval ; ces lignes doivent
être distantes de 18 à 20 pouces si on cultive à la
houe à cheval ; et de 15 à 18, si on sarcle à la main.
Il faut 8 à 10 kilogrammes de graine par hectare. La
deuxième méthode se pratique à peu près de la même
manière que pour les choux. Il faut, en pépinière, du
vingtième au quinzième du terrain à repiquer (un
hectare de pépinière pour 15 à 20 hectares de champ).
On sème en rayons distants de 3 à 4 pouces, et à
raison de 8 à 10 grains par pied de longueur. Le
repiquage se fait en mai ou juin sur labour frais et
avec du plant de la grosseur du petit doigt. Cette
méthode est préférable, dans certaines contrées, au
semis en place, en ce qu'elle permet de mieux préparer le sol et même d'en tirer, avant le repiquage,
une récolte de trèfle incarnat, de seigle-fourrage, ou
de vesces d'hiver. Les betteraves repiquées ont une
végétation plus égale que les betteraves semées ; elles
demandent moins de sarclage ; enfin les récoltes qui
les suivent sont plus belles. Néanmoins la transplantation, exigeant beaucoup de main-d'œuvre, n'est pas
toujours praticable ou avantageuse dans la grande
culture. Du reste, les betteraves reprennent facilement ; on peut même repiquer derrière la charrue

dans les terrains et par un temps très-convenables. Elles se mettent à 8 ou 10 pouces de distance dans les lignes. Dès que les betteraves sont sorties de terre, on leur donne, à la binette, un sarclage qu'on réitère lorsque le sol se durcit ou se salit de nouveau. Une fois que les lignes sont visibles, on emploie la houe à cheval dans ce but. On effeuille ordinairement à partir du mois d'août; mais cette pratique est mauvaise; elle diminue beaucoup la récolte sans compensation, car les feuilles de betteraves sont peu nourrissantes. L'arrachage se fait en octobre avec le trident ou la bêche, ou, pour les récoltes en lignes, avec la charrue dépourvue de versoir, et que l'on fait piquer bien avant par-dessous les racines. On enlève à la main ou on tranche avec un couteau, sans rien couper du collet, les feuilles qu'on donne au bétail; puis après avoir enlevé la terre des racines, on rentre celles-ci promptement, et, s'il se peut, par la fraîcheur. De toutes les racines, ce sont les betteraves blanches qui se conservent le mieux; dans les silos bien faits on peut en conserver jusqu'en juin. Le produit est en moyenne de 30,000 à 40,000 kilogrammes par hectare. Les betteraves sont moins bonnes que les pommes de terre pour les vaches laitières, principalement lorsqu'on fait du beurre; mais elles sont excellentes pour les moutons et surtout pour les bêtes à l'engrais. 220 kilogrammes de betteraves blanches équivalent à 100 kilogrammes de bon foin, de sorte qu'un produit moyen de 40,000 kilogrammes équivaut à plus de 18,000 kilogrammes de foin, c'est-à-dire au quadruple environ du produit des meilleurs prés. On prend pour *semenceaux* des betteraves de moyenne grosseur, bien conformées et saines; on les plante en mars ou avril dans un bon terrain, à quatre pieds de distance. On les sarcle, et, lorsque les jets sont

grands, on place quelques passeaux autour, et on lie.
A mesure que les grains mûrissent, les tiges qui portent
sont coupées, séchées et battues.

§ LXXIX. — *Des navets ou turneps.*

Les *navets* se cultivent dans beaucoup de contrées
pour la nourriture du bétail, qui en est très-friand;
ils donnent quelquefois des produits considérables;
mais ils sont peu nourrissants et très-sujets à manquer par les puces de terre ou par la sécheresse lors
de leur levée. Ils demandent un climat humide et des
hivers peu rigoureux, qui permettent de les laisser
en terre, attendu qu'ils se conservent mal une fois
arrachés. Un sol léger, mais riche et frais, est le seul
qui leur convienne. On leur donne plusieurs cultures
et une forte fumure. On sème depuis le commencement de juin jusque vers le mois d'août. Les *premiers*
semés s'appellent *navets de jachère* ou *d'été;* les *derniers,* qu'on nomme *navets d'automne,* se mettent
ordinairement après une céréale; c'est la meilleure
méthode de les cultiver en Belgique, parce que, s'ils
ne viennent pas, il n'y a de perdu que la semence;
d'ailleurs ils sont plus rustiques et de meilleure qualité
que ceux d'été. Aussitôt après la moisson, on laboure
profondément, quelquefois on répand sur le sol du fumier
qu'on enterre par un labour superficiel; on sème en
lignes distantes de 18 pouces à raison de 3 kilogrammes
de graine par hectare. Dès que les navets ont deux
ou trois pouces de hauteur, on les espace à la main
en ne laissant qu'une plante par pied de longueur
dans la ligne; dix ou quinze jours plus tard, on y
fait passer la houe à cheval. On peut aussi semer les
navets d'automne ou de seconde récolte à la volée,
mais cette méthode est moins avantageuse que la

précédente. Dans ce cas, lorsque les plantes ont six feuilles, on donne deux ou trois hersages par intervalles de huit jours. Ils remplacent les sarclages et ne font point de tort, quoique arrachant beaucoup de plantes ; celles qui restent n'en sont que plus belles. Les navets de jachère se traitent de la même manière, excepté qu'on les sème plus tôt ; ils se récoltent à la fin de l'été ; les autres en automne et en hiver. Le produit des navets de seconde récolte est d'environ 10,000 à 20,000 kilogrammes, de sorte qu'en moyenne, il égalerait 3,000 kilogrammes de foin, un kil. de celui-ci valant 5 kilogrammes de navets. On les conserve sous des halliers, en petits tas couverts de paille, et on les fait consommer de suite, ou on ne les arrache qu'à mesure des besoins. Les semenceaux se traitent comme ceux des betteraves.

§ LXXX. — *Du rutabaga.*

Le rutabaga ou *chou-rave* est une espèce de chou qui ne diffère des autres que par sa racine charnue et renflée. Il veut un climat humide et une terre riche assez forte. Sa culture est la même que celle de la betterave. Lorsqu'on sème en pépinière, on répand 50 grammes de graine par 10 mètres carrés de terrain. Le rutabaga ne se conserve guère mieux en tas que le navet, mais supporte mieux les gelées en terre lorsqu'il a encore sa feuille, surtout lorsqu'on a la précaution de le butter au commencement de l'hiver. Son produit est un peu moins élevé que celui de la betterave dans les sols convenables ; sa valeur nutritive est un peu plus grande. Tout bétail le recherche, et il convient mieux que la betterave pour les vaches laitières ; mais sa culture est plus chanceuse.

§ LXXXI. — *De la carotte.*

Il y en a plusieurs variétés qui se distinguent par leur forme et leur couleur. Les plus estimées sont : la *carotte blanche à collet vert*, la *carotte des Vosges et celle de Breteuil*. La carotte réussit bien chez nous, et ne craint pas les sécheresses ; elle veut un sol meuble, profond, propre et assez riche ; on la cultive souvent comme récolte *dérobée*, c'est-à-dire dans un terrain qui a déjà donné un produit la même année. A cet effet, on la sème en février à raison de 4 à 5 kilogrammes de graine par hectare, de la même manière que le trèfle, dans une céréale d'hiver ou dans du colza ou du lin ; après la moisson, on donne plusieurs forts hersages en long et en travers pour arracher les chaumes et les mauvaises herbes qu'on enlève. Quelque temps après, on bine à la main. En première récolte, les carottes se sèment en ligne à 18 ou 20 pouces de distance, sur terre fumée ; on recouvre peu. Dès qu'elles paraissent, on leur donne, dans les lignes seulement, plusieurs binages soignés à la main, et on les éclaircit. Plus tard, on peut employer la houe à cheval à cet objet. On récolte à la fin de l'automne et par un temps frais, de sorte qu'on les fait rarement suivre d'un grain d'hiver ; on met plutôt des marsages ou du lin, des pois, des vesces, etc., l'année suivante. Par cette raison, et parce que les carottes veulent une terre propre, il est plus avantageux de les mettre dans la sole des marsages que dans la jachère. Le produit est, dans un bon terrain, de 30,000 à 40,000 kilogrammes par hectare, équivalant à 8,000 ou 10,000 kilogrammes de foin (100 kilogrammes de foin égalent 307 kilogrammes de carottes) ; le produit en fanes, qui sont aussi mangées par le bétail, est de 6,000 à 7,000 kilogrammes. Les carottes, en récolte dérobée, donnent un tiers de ces produits.

Tout bétail, depuis la volaille jusqu'aux chevaux, recherche les carottes : elles conviennent surtout aux bêtes laitières et malades, et communiquent au beurre des vaches qui en mangent une saveur excellente et une belle nuance jaune. Elles remplacent l'avoine et une partie du foin chez les chevaux qui travaillent peu.

SECTION IV. — DES RÉCOLTES INDUSTRIELLES.

Les plantes *industrielles* ou *économiques* sont celles qui ne servent ni à la nourriture des hommes, ni à celle des animaux, mais sont employées dans les arts et les manufactures. Elles sont, la plupart, très-lucratives, mais elles exigent beaucoup d'engrais sans en produire elles-mêmes, de sorte que leur culture ne doit être étendue que là où l'on peut acheter du fumier, ou dans des terrains très-riches. Cultivées sans ces conditions en trop grande quantité, *elles enrichissent les pères et appauvrissent les fils*. On les divise en plantes *oléagineuses* (produisant de l'huile), en plantes *textiles* (donnant de la filasse), en plantes *tinctoriales* (pour la teinture), et en plantes *à épices*.

ARTICLE 1er. — DES PLANTES OLÉAGINEUSES.

§ LXXXII. — *Du colza*.

Le colza est une espèce de chou, et, de toutes les plantes industrielles, la moins ruineuse pour une exploitation, attendu qu'il fournit, de même que la *navette* et la *cameline*, une quantité assez notable de paille, qui peut bien servir à la litière du bétail, et

qu'après avoir fait de l'huile avec la graine, on en
retire en outre les *tourteaux* ou *pains*, qui sont un
excellent aliment pour les bestiaux. Le colza est d'hiver et d'été : le premier est le plus productif et le
moins casuel, quand l'hiver n'est pas trop rigoureux.
Il veut un sol riche, profond, meuble et propre; il
réussit néanmoins dans les terres sableuses avec une
bonne fumure, et dans les terres fortes avec une préparation soignée; mais dans ces dernières, il lui faut
une jachère, tandis que, dans une terre légère, on
peut le faire précéder d'un seigle, d'un escourgeon,
des vesces fauchées en vert, ou de trèfle incarnat. Il
vient après toute récolte et après lui-même, et forme
pour le blé une préparation qui équivaut à la jachère.
On le met ordinairement dans la saison des hivernages, et on le fait suivre d'un blé; on le met aussi dans
la jachère, après un trèfle semé dans le blé. Il réussit
particulièrement bien dans les défrichement de bois
et de prés et dans les marais assainis. On sème à la
volée du 1er juillet au 15 août, à raison de 10 à 12 litres de graine à l'hectare. On recouvre avec un léger
trait de herse. Pour mettre le colza après du blé, on
repique; un hectare de pépinière fournit du plant pour
trois hectares. Il est préférable, si le temps est favorable,
de ne pas laisser de colza dans la pépinière : 1° parce
que le sol qui l'a produit est très-épuisé; 2° parce qu'il
a été très-piétiné par l'arrachage. Le repiquage se
fait en octobre au plantoir ou à la charrue, de manière à garnir chaque raie ou chaque deuxième raie.
On donne des binages avant l'hiver et au printemps.
Lorsque le sol n'est que dur et le colza peu avancé,
des hersages suffisent. On récolte en juin, lorsque les
siliques (où se trouve la graine) jaunissent, et que les
grains deviennent bruns. Quand il est avancé, on ne
faucille ou ne fauche que le soir et le matin à la rosée

pour éviter l'égrenage. On laisse fort peu en javelles, et on se hâte de mettre en meulons, où le colza achève de mûrir sans s'égrener. Pour défaire les meulons, on les enlève avec deux perches que l'on passe par-dessous, et on les transporte, par ce moyen, sans secousse, sur une bâche sur laquelle on les dépose pour les rentrer ensuite dans des voitures garnies de toile, ou, mieux encore, pour les battre immédiatement au champ même. Le produit est en moyenne de 18 à 25 hectolitres par hectare ; 4 hectolitres et demi donnent 1 hectolitre d'huile, et 137 kil. de tourteaux. La graine s'étend mince sur un grenier lorsqu'elle est une fois séparée des siliques, qui sont une excellente nourriture pour les vaches et pour les moutons (1).

(1) Le colza exige un terrain riche, et profite bien de la richesse du sol. Si l'on en croit des auteurs recommandables, il épuise peu le sol, et en effet le blé réussit parfaitement après lui. Le *tourteau* semble compenser l'épuisement du colza ; ainsi, si on suppose une récolte de 50 hectolitres de graine, qui donnera 1.000 kilog. de tourteaux, cette quantité de résidu suffira pour engraisser le sol qui l'a produite. De plus, la production de la paille est considérable, et peut être placée au premier rang comme litière. On évalue à 100 kilog. de paille la production, pour chaque hectolitre de colza. Un autre fait important à noter, c'est que tout l'élément azoté, ainsi que toutes les parties minérales, se retrouvent en entier dans le tourteau et dans la paille, l'huile exportée étant composée presque entièrement de carbone et d'hydrogène. Ce serait à tort, par conséquent, que l'on rejetterait cette culture comme trop épuisante. Mais ce qu'il ne faut pas perdre de vue, c'est qu'il vaut mieux ne pas cultiver le colza, si on doit le placer dans une terre mal préparée, infectée de mauvaises herbes, et peu riche en engrais, comme cela a lieu dans quelques localités de la Belgique, car alors sa réussite court beaucoup de chances. La culture du colza dans une exploitation a le grand avantage de répartir admirablement les travaux des ouvriers et des animaux, et par là d'économiser beaucoup sur les frais de production de toutes les autres denrées. C'est ainsi que si dans une ferme on consacre un sixième des terres à la culture du colza, c'est autant de moins d'emblavé en céréales, et comme les travaux qu'exige le colza tombent à d'autres époques que ceux qu'exige le froment, par exemple, les animaux qui sont inoccupés peuvent les exécuter, et le nombre naturellement en est diminué, puisque en automne et au printemps ils auront moins de travaux à effectuer.

§ LXXXIII. — *Du colza d'été.*

Le colza d'été convient mieux que celui d'hiver dans un climat froid et dans un sol humide ; il demande les mêmes soins que l'autre, et surtout une forte fumure. Il se sème à la fin de mai, mûrit en septembre, et donne de 9 à 12 hectolitres par hectare. Les puces de terre et la sécheresse le font manquer fréquemment.

Le colza et la navette d'hiver sont semés fréquemment pour fourrage que l'on fait consommer dès les premiers jours de printemps. Malgré les apparences, le produit, même dans les terres riches, est assez faible ; mais sa grande précocité le rend précieux.

§ LXXXIV. — *De la navette.*

Cette plante demande la même culture et le même climat que le colza, mais se contente d'un sol moindre. Elle est *d'hiver* et *d'été* : ces deux variétés se sèment plus tard et se récoltent plus tôt que le colza. Leur produit est plus élevé dans un terrain pauvre, et moindre dans une terre riche, que celui de cette dernière plante ; leur graine rend aussi un dixième moins d'huile ; mais leur paille est meilleure.

§ LXXXV. — *De la cameline.*

La cameline est très-rustique, et a le grand avantage de n'être attaquée par aucun insecte. Elle brave la sécheresse, et réussit encore dans des terres trop arides pour les deux récoltes précédentes, pourvu que ces terres soient bien fumées et convenablement préparées. On sème en avril ou mai, à raison de huit litres de graine par hectare ; on recouvre peu, et l'on bine ou l'on herse pendant la croissance de la plante. La récolte se fait dès que les *capsules* (où se trouve la graine) commencent à jaunir. Le produit par hectare va de 10 à 20 hectolitres, pesant chacun 70 kilogrammes, et donnant 16 à 20 kilogrammes d'une huile meilleure que celle du colza. Les tourteaux sont très-inférieurs à ceux de cette dernière plante, et ne servent même que pour engrais.

§ LXXXVI. — *Des pavots.*

Les pavots fournissent la meilleure huile après l'olive, et ont l'avantage de n'être attaqués par aucun insecte. Il y en a qui sont à graine blanche et d'autres à graine grise. Ces derniers rendent davantage, mais leurs têtes s'ouvrent à la maturité sous la couronne, de sorte que la graine se perd lorsque la plante s'incline ; cette graine donne aussi moins d'huile.

Les pavots réussissent bien dans les contrées où le sol est riche et profond plutôt que léger et compacte. On les met dans la jachère, dans la saison des avoines ou dans celle des hivernages, lorsque ces derniers succèdent à des récoltes rentrées trop tard. Ils demandent la même préparation et les mêmes cultures que la navette, avec laquelle on les sème souvent. On répand, en février ou en mars, trois à quatre litres de graine par hectare à la volée, un tiers de moins lorsqu'on met en lignes à 18 pouces de distance. On bine, mais seulement lorsque la terre et les plantes sont ressuyées, et on éclaircit de manière à laisser les pieds à 4 ou 5 pouces de distance les uns des autres. On récolte dès que la graine se remue librement dans les têtes. Les pavots à tête ouverte se cueillent à la main ; les autres se coupent à la faucille ou à la faux. On les lie en bottes qu'on dresse, et lorsqu'ils sont secs on les bat au fléau ou sur un billot, avec un battoir, comme le lin. Le produit, par hectare, va de 10 à 18 hectolitres pesant 70 kilogrammes chacun et donnant 28 à 29 kilogrammes d'huile. Le pavot gris en donne 25 à 26. On obtient, par hectare, 1,500 à 2,000 kilogrammes de tiges et têtes, qui ne peuvent servir que comme litière, ayant des propriétés malfaisantes.

§ LXXXVII. — *De la moutarde.*

Il y a la *noire* et la *blanche*. La première est peu cultivée, ne venant que dans un sol fort riche et s'égrenant facilement, de façon à empoisonner le terrain. La moutarde blanche, qu'on nomme aussi graine à *beurre*, se cultive de même que la cameline, avec laquelle on la sème souvent, ce qui donne un produit plus considérable que si chaque récolte eût été cultivée à part. On répand, par hectare, dix litres de graine que l'on recouvre à la herse. Elle donne approchant le même produit que la cameline; ses tourteaux sont moindres encore. Elle est aussi cultivée sous le nom de moutardon pour fourrage d'automne; on la sème alors en août ou septembre. Ce fourrage, assez médiocre en lui-même, est cependant mangé sans répugnance par les vaches, lorsqu'il ne forme pas leur nourriture exclusive; il présente l'avantage de venir à une époque très-tardive où il n'y a plus de vert.

ARTICLE II. — DES PLANTES TEXTILES.

§ LXXXVIII. — *Du lin.*

Le lin fournit la filasse la plus fine et la plus fréquemment employée à la confection de la toile. Il aime un climat humide et un sol profond, propre, meuble et contenant beaucoup de restes de végétaux ; aussi vient-il particulièrement bien dans les défrichements de bois, de prés et de marais assainis, et après les trèfles. Dans ces terrains, un seul labour profond, avant ou après l'hiver, suffit ; ailleurs, il faut plusieurs cultures. Une fumure fraîche donne au lin une filasse grossière et le fait verser ; le fumier d'étable ne se mélange pas toujours bien avec la terre, de sorte que le lin prend plus de croissance à une place que dans une autre, la végétation est inégale, ce qui influe sur la valeur des produits. On emploiera des engrais parfaitement décomposés ou qui se mélangent facilement avec la terre, tels que les engrais liquides, la poudrette, la colombine et le guano mélangés. Il vient parfaitement après un trèfle, après le tabac, le froment et le chanvre, et surtout après une prairie ou un pâturage rompu ; il aime donc les terres neuves. Le lin ne peut revenir à la même place qu'après six, huit et quelquefois dix ans ; il y a cependant des exceptions à cette règle ; ainsi on rencontre cet assolement triennal dans une terre riche : *chanvre*, *lin*, *blé* ; et cet assolement biennal dans les îles de la Loire : *blé*, *lin* ; *blé*, *lin*.

Comme le lin ne se sème qu'au printemps, on a suffisamment de temps pour préparer la terre. La sémination a lieu depuis mars jusqu'en mai ; celui qui se sème en mai est une variété distincte, la variété de mars est plus casuelle. On connaît aussi un lin d'hiver qu'on sème en automne dans les contrées méridionales.

On sème sur une terre bien émiettée, à raison de 200 à 250 litres de graine par hectare lorsque c'est pour la filasse, et à raison de 100 à 120 litres lorsque c'est plus particulièrement pour la graine qu'on le cultive. Si l'on veut obtenir une filasse très-fine, on sème très-épais à raison de six à sept hectolitres par hectare dans une terre très-riche. La graine de deux ans d'âge peut être semée sans inconvénient. On recouvre la semence avec des herses légères, afin que la graine soit plus également enterrée, ce qui est nécessaire à l'uniformité de la croissance; on roule après le hersage. Presque partout on doit renouveler la semence au bout de quelques années; en Flandre, la graine de Riga dont on se sert, se paye de 50 à 60 francs l'hectolitre, et peut servir trois et quatre ans successivement, après quoi elle est dégénérée complétement et ne se vend plus que 15 francs à peu près, pour l'extraction de l'huile. Cette dégénérescence tient à ce qu'on récolte avant la maturité et à ce qu'on sème trop épais.

Le lin demande des binages soignés pendant sa jeunesse, si la terre est sale ou dure; les sarclages se font par des ouvriers marchant pieds nus pour ne pas détériorer la récolte.

Lorsqu'il s'agit de lin très-fin, on forme une espèce de réseau avec des piquets et des cordes pour protéger la récolte, chaque piquet se trouve à un mètre de distance de son voisin.

D'après M. Cordier, il y a quelques années qu'une récolte de lin fin se vendait jusqu'à 6,000 et 7,000 fr.; aujourd'hui, d'après M. Victor Rendu, il vaudrait encore 3,000 francs l'hectare et coûterait environ 1,200 francs.

La récolte du lin a lieu ordinairement en juillet; on l'arrache, on en fait des bottes qu'on lie par le haut près des capsules, et qu'on dresse sur le sol pour se dessécher. On ne les fait jamais javeler, parce qu'alors il s'opérerait une fermentation défavorable au rouissage, qui ne serait plus égal. Après dix jours il est sec, et l'on opère le battage pour la récolte de la graine, en frappant les têtes sur un billot avec un battoir. On obtient au maximum 12 hectolitres de graine, qui donne une huile siccative estimée en peinture.

Rouissage du lin. — Pour séparer la filasse des tiges, il faut que la colle végétale qui l'attache au bois soit dissoute. On obtient ce résultat par le *rouissage*, qui n'est autre chose qu'une fermentation durant jusqu'au premier degré de la putréfaction. On en connaît deux méthodes principales : le *rorage* ou *rouissage à la rosée*, et le *rouissage à l'eau*. Lorsqu'on peut disposer d'une eau convenable, cette dernière méthode a beaucoup d'avantage sur la première; elle est plus expéditive, elle donne une filasse blanche, mais on risque de tout perdre lorsqu'on dépasse le moment convenable de retirer le lin; la première est sûre, mais elle est longue, et fournit une filasse grise : le mieux serait de commencer le rouissage à l'eau et de le finir à la rosée.

Le rouissage à l'eau ne se fait pas de la même manière dans tous les lieux, et il est difficile de décider quelle est celle à laquelle on doit donner la préférence. Il résulte d'expériences poursuivies pendant plusieurs années, que les eaux courantes des ruisseaux ou des rivières *ne sont pas avantageuses pour le rouissage*, parce que la fermentation y est trop lente, trop inégale, et qu'elles communiquent au lin des taches et un certain degré de dureté. Ce qui paraît *le plus convenable pour le rouissage* est d'établir des *routoirs* ou *fosses à rouir* près de rivières dont l'eau soit douce, pure et non ferrugineuse. Le routoir doit lui-même être creusé dans un sol qui ne contienne ni ocre, ni particules de fer, parce que ces substances donnent au lin une coloration qu'on ne peut plus faire disparaître.

Un routoir *nouvellement creusé*, ou *employé plusieurs fois de suite sans être nettoyé*, donne lieu à des accidents analogues. On fera bien, quelques semaines avant de faire usage d'un nouveau routoir, de le remplir d'eau, et, au moment d'y placer le lin, de le vider, de le nettoyer et de le remplir d'une eau nouvelle.

Le routoir que l'on suppose être parfaitement en état de retenir l'eau, et au besoin enduit d'argile, doit avoir en profondeur un pied de plus que le lin n'a de longueur ; mais il ne doit pas dépasser 2 mètres, parce que, quand il est plus profond, l'eau reste froide au fond, et la partie inférieure du lin est plus de temps que la supérieure à éprouver le rouissage. Le lin, réuni en bottes, y est déposé debout, c'est-à-dire les pointes qui sont le plus difficiles à rouir en haut, et non pas horizontalement, ou, comme on le fait dans quelques parties de la Flandre, la racine à la surface. La masse liée, et réunie au moyen de perches, doit se tenir bien verticalement dans le routoir, où on l'enfonce à la profondeur nécessaire avec des planches sur lesquelles on pose des poids en assez grand nombre pour que l'extrémité supérieure du lin se trouve au-dessous de la surface de l'eau, et les pattes ou racines à un pied du fond.

La capacité du routoir doit être double de celle de la masse de lin, afin que la fermentation marche avec plus de modération. Pour éviter, en plongeant le lin dans l'eau, qu'il *ne soit en contact avec les parois ou le fond du routoir*, contact qui donnerait aux tiges une couleur inégale, on peut, comme on l'a fait à Hohenheim, renfermer les bottes de lin à rouir dans des espèces de caisses à claire-voie, formées avec des lattes ou des perches qu'on recouvre de paille, de planches et de pierres pour les submerger. Au moyen de liens de paille fixés d'un côté sur les bords du routoir et de l'autre aux caisses, on empêche celles-ci de toucher le fond et de se renverser, lors des mouvements d'ascension et d'abaissement qu'elles éprouvent pendant la fermentation.

Partout où l'on établit des routoirs en maçonnerie ou en terre, et lorsque cela est possible, il faut, comme on le pratique quelquefois en Flandre, les *munir de petites vannes, écluses* ou *robinets*, pour l'introduction lente et continue d'un léger filet d'eau et pour l'évacuation de celle-ci. La vanne d'introduction doit être placée au fond de la fosse, et celle qui sert à l'évacuation à l'opposé et à la surface du routoir. En agissant comme il vient d'être dit, on obtient un rouissage à eau courante qui a, il est vrai, l'inconvénient d'être plus long que celui à eau stagnante, mais qui donne une filasse moins colorée et plus facile à blanchir. Ce routoir est plus aisé à bien diriger, et offre moins de danger pour ceux qui sont exposés à en recevoir les émanations. D'ailleurs, dans une eau non renouvelée, le lin est trop sujet à se gâter.

Le lin fournit une filasse bien plus belle quand on l'a *plongé immédiatement après la récolte dans les routoirs*, lorsqu'il retient encore toute son eau de végétation et n'a pas été soumis à la dessiccation.

Pendant les trois premiers jours de l'immersion du lin, il n'y a rien à faire, si ce n'est de veiller à ce qu'il soit complétement recouvert par l'eau. Au bout de trois, quatre ou cinq jours, des bulles d'air viennent crever à la surface du liquide, et c'est lorsque le nombre de ces bulles a beaucoup diminué qu'il convient de visiter tous les trois ou quatre jours le routoir, pour examiner si les indices d'un rouissage parfait se manifestent. Ces indices sont : 1° lorsqu'une tige extraite d'une des bottes se rompt avec facilité quand on cherche à la faire fléchir; 2° lorsque la couche fibreuse peut se détacher d'un bout à l'autre de la tige, les fils restant unis les uns aux autres; 3° lorsqu'en saisissant les tiges par le bout et frappant trois ou quatre fois la racine sur l'eau, la couche fibreuse crève et s'entr'ouvre.

Quand ces signes indicateurs ne se montrent pas, il faut encore attendre quelques heures; mais aussitôt qu'on les voit apparaître complétement, on doit se hâter de retirer le lin du routoir, le laver à l'eau pure et par poignées, surtout s'il a été roui dans un routoir ordinaire et non dans des caisses, afin de le débarrasser de la vase et de la matière colorante qui sont déposées sur ses tiges.

Si les localités permettent de renouveler en totalité et avec promptitude l'eau du routoir, on pourra le faire, et laisser le lin encore plusieurs heures dans le routoir pour le laver et le nettoyer; la fermentation s'arrête alors, et il n'y a pas de danger.

Le lin étant bien égoutté et ressuyé, il faut l'étendre fort clair sur une herbe courte pour le blanchir, ses racines tournées vers le vent dominant. Ce blanchiment, suite du deuxième rouissage à la rosée, dure plus ou moins de temps, suivant le degré de fermentation que les tiges ont éprouvé dans le routoir; il peut varier de trois à quatorze jours et même plus.

Après que ce lin est roui et séché, on le broie pour en séparer les filasses; après quoi on le peigne. Le produit, par hectare, varie de 300 à 800 kilogrammes de filasse nettoyée.

Le *rorage* ou *sereinage* consiste à exposer le lin dans un champ pendant plusieurs semaines à l'action simultanée de la rosée, de la pluie, de l'air et du soleil. Pour soumettre le lin au rorage, on l'étend en couches minces ou andains de peu d'épaisseur sur un gazon court ou sur une prairie fauchée et bien propre. Là il est abandonné à l'influence des agents atmosphériques; on a soin de le retourner quand il est tombé de la pluie, jusqu'à ce qu'il soit suffisamment roui du côté inférieur, ce qu'on reconnaît à ce que les tiges ont perdu leur élasticité, qu'elles se brisent net et que la couche fibreuse se détache avec facilité. A cette époque on le retourne pour le faire rouir de l'autre côté, jusqu'à ce que la fermentation insensible et la décomposition des principes qui recouvrent et agglutinent les fils permettent aussi sur ce côté de détacher facilement la filasse du bois. Parvenu au point convenable, on s'empresse d'enlever le lin après le premier beau jour et lorsqu'il est bien sec, et d'en former de petites javelles qu'on transporte dans un grenier ou une grange aérés, où il reste jusqu'au broyage.

Avantage du rorage. — On trouve aisément partout un gazon, une prairie ou un chaume pour étendre le lin; le rorage marchant avec lenteur, le lin est moins exposé à la pourriture que dans le rouissage à l'eau, où le défaut de vigilance pendant quelques heures seulement suffit pour causer un dommage considérable.

Inconvénients. — Cette opération marche avec lenteur, elle exige beaucoup de travail si le temps est défavorable. Le lin de rorage a moins de ténacité que le lin de rouissage.

Avantages du rouissage à l'eau. — Il dure peu de temps; la pluie et le vent ne causent pas un surcroît de travail; le déchet est moindre que dans le rorage; le lin du rouissage a plus de nerf, il est plus propre à faire de la dentelle ou de la batiste; enfin, il perd moins en bonne soie au travail de la broie et du séran.

Inconvénients. — On ne trouve pas partout des eaux convenables ; la marche accélérée de la fermentation exige, après trois ou quatre jours, une surveillance active et continuelle ; si on ne saisit pas le point précis où elle est terminée, si on n'a pas reconnu les phénomènes qui se manifestent alors, on peut éprouver de grandes pertes ; un rouissage exige plus de travail qu'un rorage dans des conditions favorables et identiques ; c'est le contraire dans des temps de pluie ; le lin roui exige plus de travail pour acquérir la douceur et la finesse du lin de rorage ; enfin le premier se blanchit plus difficilement que le second.

§ LXXXIX. — *Du chanvre.*

La filasse que donne cette plante est moins fine, mais plus forte et plus abondante que celle du lin. Le chanvre veut un climat chaud et humide, et un sol profond et d'une grande fertilité. Les étangs desséchés, les marais assainis et tous les terrains trop riches pour d'autres récoltes, lui conviennent ; au moyen de fortes fumures, il peut y revenir chaque année, car il réussit mieux après lui-même qu'après toute autre plante : aussi a-t-on d'ordinaire des terrains qui, sous le nom de chènevières, lui sont spécialement consacrés. On donne deux à quatre labours, suivant la nature de la terre, et on enfouit le fumier avec un des premiers. On sème en mai 250 à 350 litres par hectare. Après la semaille, on fume en couverture et on met des épouvantails, afin d'empêcher les oiseaux de manger la graine. Le chanvre, lorsqu'il vient bien, étouffe toutes les mauvaises herbes, et n'a pas besoin de binages. Dès que les plantes mâles (improprement appelées femelles) ont cessé de fleurir, on les arrache, et elles produisent la plus belle filasse. On pratique, dans ce but, des sentiers à 8 ou 10 pieds de distance, afin de ne pas faire de tort au chanvre femelle qui reste. Après l'arrachage du mâle, la femelle s'étend davantage, donne la graine et une filasse grossière; on l'arrache lorsque la semence, qu'on appelle *chènevis*, est d'un gris foncé. On peut aussi arracher le tout ensemble après la floraison, et obtenir de la graine de pieds isolés, semés çà et là dans des champs de pommes de terre ou de maïs. De cette manière, toute la filasse est fine, le champ est plus tôt débarrassé, l'arrachage est plus facile, et la graine que donnent des pieds isolés est plus abondante que l'autre et supérieure en qualité. Après l'arrachage, on coupe les racines sur un billot; on dresse le chanvre en bottes dont on écarte le pied et qu'on lie vers la tête, et lorsqu'il est sec, on le bat sur un tonneau pour en faire sortir la graine, après quoi on le rouit de la même manière que le lin. Le produit d'un hectare de chanvre en filasse, prêt à être mis en œuvre, varie de 300 à 1,400 kilogrammes; et en graine, de 7 à 25 hectolitres. Cette graine fournit une bonne huile, mais des tourteaux médiocres.

ART. III. — DES PLANTES TINCTORIALES.

La culture de ces plantes a beaucoup diminué et ne présente plus aujourd'hui le même avantage qu'autrefois, où le commerce d'importation était moins libre. Celles dont la culture offre encore le plus de profit sont le *pastel,* la *gaude* et surtout la *garance.*

§ XC. — *Du pastel.*

Le pastel contient, dans ses feuilles et dans sa tige, une couleur bleue qui est employée en mélange avec l'indigo; il est bisannuel et vient dans les terrains meubles, bien préparés et fumés. On sème en mars pour avoir une récolte de feuilles la même année, ou en septembre pour l'avoir l'année suivante. On répand, en lignes distantes de 18 pouces, 15 à 20 kilogrammes de semence par hectare; dès qu'elle est levée, on bine. Avec la semaille de mars, on fait une première récolte de feuilles à la fin de juin, aussitôt qu'elles commencent à jaunir, et une deuxième en automne; l'année suivante, on fait trois récoltes. La préparation des feuilles a lieu de la manière suivante : On les laisse se flétrir à l'ombre, après quoi on les écrase dans une auge avec une meule verticale, et on les met en tas pendant vingt-quatre à quarante-huit heures. Lorsque la masse s'est échauffée, on la pétrit bien et on en fait des boules de la grosseur d'un œuf, qu'on fait sécher, et qui se vendent sous le nom de *pastel en coque*. Le pastel se sème aussi pour le pâturage des moutons; il convient à cet usage par sa précocité et par ses propriétés toniques, qui en font un préservatif de la pourriture.

§ XCI. — *De la gaude*.

La gaude fournit une couleur jaune qui est contenue dans toutes les parties de la plante. Celle-ci est quelquefois spontanée (*sauvage*), et réussit dans tous les terrains meubles et riches. Elle est d'hiver et d'été. La première se sème en août, à raison de huit à dix kilogrammes, par hectare, à la volée; la seconde se sème de la même manière en mars ou avril. On donne un léger binage en automne, et un autre au printemps. Après la floraison, on arrache les plantes, à l'exception de celles qu'on réserve pour semence. On lie en petites bottes qu'on dresse pour

les faire sécher et qu'on vend sans autre préparation.
Le produit en plantes sèches varie, selon la saison et
le terrain, de un à trois mille kilogrammes par hectare.

§ XCII. — *De la garance.*

La garance contient dans ses racines une belle
couleur rouge d'une grande fixité. Une terre profonde
et légère, contenant beaucoup de détritus végétaux
et de la chaux, est celle qui lui convient le mieux.
Elle doit avoir été défoncée à 35 et même à 55 centimètres de profondeur, et fumée très-fortement. Elle a
la propriété d'absorber avec une grande énergie les
aliments contenus dans le sol. Une terre neuve de
garance fournit ordinairement une bonne récolte; dans
tout autre cas, il faut abondance de fumier; cette
plante a, sous ce rapport, quelque analogie avec la
luzerne, mais elle ne vit pas des mêmes éléments que
cette dernière, car elle réussit parfaitement après
elle, et *vice versâ*.

Une terre, qui rapporterait huit hectolitres de blé
par hectare, produira trente-quatre demi-quintaux
métriques de garance; si on augmente successivement
la fumure, on obtiendra:

Froment 10 hect. Garance 54 demi-quint. métr.
  »   12 »   »   60   »   »
  »   15 »   »   70   »   »

La progression des produits pour la garance est
donc plus forte que pour le froment.

M. de Gasparin estime que 100 kilogrammes de
fumier produisent 6 à 7 kilogrammes de garance
sèche. Le même auteur estime qu'il faut quarante-

quatre journées d'hommes pour défoncer un hectare à 50 centimètres, dans une terre légère, ce qui a coûté 66 francs; M. de Dombasle, à Roville, pour défoncer une terre argileuse, a employé quatre cents journées qui ont coûté 300 francs.

La quantité de fumier doit être de cinquante à cent mille kilogrammes.

On peut semer en place dans le courant d'avril, ou semer d'abord en pépinière à la même époque, et repiquer, l'année suivante en mars ou avril, les plantes obtenues ainsi. Il faut 90 kilogrammes de graine ou 1,200 à 1,600 kil. de plants frais et bien nettoyés. On met ceux-ci, comme la graine, dans les semis en place, en lignes distantes de 30 centimètres que l'on fait ordinairement avec la houe à main et le cordeau. Lorsqu'une raie est garnie soit de graines, soit de plants, on recouvre avec la terre tirée de la raie suivante. Le terrain est divisé en planches de 3 mètres de largeur, séparées par des intervalles de 40 à 90 centimètres. Ces intervalles sont réservés pour fournir la terre nécessaire au buttage ou rechaussage de la garance, à mesure que celle-ci s'élève. Cette opération a pour but de faire produire une plus grande quantité de racines. On peut aussi se contenter de butter la garance au buttoir comme on le fait pour les pommes de terre, mais, dans ce cas, les lignes ne peuvent être à moins de 66 centimètres de distance les unes des autres. Les garances plantées restent dix-huit mois, et les garances semées ordinairement trente mois en terre; aussi la plantation est-elle préférable partout où la terre a une haute valeur. Elle l'est encore dans les sols qui ont le défaut de se battre par les pluies et de faire croûte, de même que dans les terrains qui sont fatigués de garance, et dans lesquels la graine, par cette raison, ne lève plus que difficilement. Dès que les plantes se montrent, on les sarcle; cela se fait trois fois au moins dans le courant de la première année, deux fois pendant la seconde. Après chaque sarclage, on recouvre d'une légère couche de terre. Les tiges sont fauchées pour fourrage ou laissées pour graines, pendant la deuxième et la troisième année. Aux mois d'août et de septembre de cette dernière, on procède à l'arrachage des racines, opération qui s'effectue avec le crochet ou le trident, lorsqu'on a chargé les planches, ou à la charrue, lorsqu'on a seulement butté les lignes. Des femmes, armées de râteaux de fer, divisent les bandes et les mottes pour en extraire les racines. M. de Gasparin dit qu'il faut cent soixante-cinq journées de travail pour l'arrachage d'un hectare de garance, M. Schwerz en indique deux cent cinquante à trois cents.

Pour la récolte, on ouvre une tranchée jusqu'à la profondeur des racines, et on creuse en dessous pour faire tomber la plus grande quantité de terre possible; on extrait ces racines, puis on creuse une nouvelle tranchée, et l'on rejette la terre qui en provient dans la première, pour la combler. On continue ainsi successivement jusqu'à ce qu'on soit parvenu à l'extrémité du champ. On fait sécher ces racines immédiatement sur une bâche étendue au soleil ou sous un hallier; on les nettoie de la terre qui y est adhérente, puis on les met dans une étuve, ou au four, après en avoir tiré le pain; après quoi on les emballe dans de la toile grossière; elles sont alors un article de vente. Le produit d'un hectare en racines sèches varie de 2,000 à 4,000 kilogrammes. Les tiges de garance fauchées en fleur donnent, la deuxième année, 2,000 à 4,000 kilogrammes, et la troisième année, moitié moins, en fourrage passable par hectare. On obtient environ 300 kilogrammes de graine sur la même étendue en n'utilisant pas le fourrage (1).

ARTICLE IV. — DES AUTRES PLANTES INDUSTRIELLES.

§ XCIII. — *Du houblon.*

Le houblon veut une terre franche, profonde, riche et bien égouttée. Comme il occupe le terrain pendant longtemps, on ne doit épargner aucune dépense pour lui procurer toutes les conditions d'une bonne venue. C'est une culture que l'on ne peut guère faire que sur une petite étendue, un ou deux hectares au plus, autrement on s'expose à manquer de main-d'œuvre.

Les terres fraîches conviennent bien; trop humides, les racines se couvrent de chancres qui font mourir les pieds. On doit éviter de placer une houblonnière près d'une grande route, à cause de la poussière qui salit les *cônes* (fruits); un endroit exposé aux grands vents est également nuisible. L'exposition à l'est ou au sud est celle que l'on doit préférer. On défonce à deux fers de bêche, et on fume fortement l'année de la plantation et les années suivantes. Les chiffons de laine, la chair des animaux morts, la matière fécale et autres engrais énergiques s'emploient avantageusement à cet usage. On établit une houblonnière, en plantant, en automne, de vieux pieds enracinés qu'on enlève d'une ancienne houblonnière, et l'on a, dans ce cas, une bonne récolte dès l'année suivante; ou l'on plante au mois de mars et d'avril

____

(1) D'après ce que nous avons dit de cette culture, il est facile de voir qu'elle ne peut être entreprise sur une grande surface qu'avec un capital considérable en engrais et en main-d'œuvre; mais aussi elle a l'avantage, lorsqu'elle est bien faite, de rapporter de grands bénéfices. Du reste, presque toutes les cultures industrielles se trouvent dans ce cas.

de gros rejetons munis de racines, et qu'on détache
des vieux pieds au printemps, avant qu'ils ne poussent : la première récolte est alors presque nulle. Ces
rejetons ou bourgeons peuvent aussi être mis préalablement en pépinière, et plantés en place l'année
suivante. Leur réussite est ainsi plus assurée, et leur
produit plus élevé dès la première année. On met les
plants en ligne à cinq ou six pieds en tous sens les
uns des autres, dans des trous assez grands pour les
contenir avec leurs racines, afin qu'étant placés au
milieu, ils soient entièrement recouverts par la terre
dont on remplit les trous, et que l'on a soin de
tasser modérément autour des racines. On place ordinairement quatre rejets ou *drageons* dans la même
butte. M. de Dombasle recommande de ne laisser
qu'un seul pied dans chaque butte, lorsque la reprise
est assurée. La première année, on ne leur donne
que de petites perches ; mais plus tard, il leur faut
des perches en chêne de 6 à 7 mètres de longueur,
qu'on enfonce solidement en terre. On peut aussi
employer, au lieu de perches, des fils de fer attachés
par les deux bouts à des pieux enfoncés obliquement en
terre, et tendus dans la direction des lignes de houblon sur des piquets de 2 mètres de hauteur, placés
à tous les 3 ou 4 mètres de distance, et solidement
fixés en terre. A chaque plant de houblon est un
échalas ou une perchette qui le met en communica-
tion avec le fil de fer ; les fils de fer sont du n° 19.
Afin de les conserver plus longtemps, on a soin de
les graisser chaque année en faisant glisser le long
du fil des chiffons trempés dans l'huile. Cette méthode
a l'avantage d'être beaucoup plus économique que
les perches, tant pour le premier établissement que
pour l'entretien ; elle fait éviter ensuite, ou du moins
diminuer beaucoup les pertes qui ont lieu dans les

houblonnières par l'effet du vent. On butte le houblon lorsqu'il est assez grand, et on tient le sol toujours bien net. Dans les houblonnières déjà établies on donne un labour à la bêche, chaque hiver, et, à la fin de mars, avant que les pousses ne sortent de terre, on procède à la taille ou *châtrage*, que l'on exécute en déchaussant soigneusement chaque pied, et en coupant, au-dessous de la surface du sol, avec une serpette bien tranchante, les jets qui ont donné naissance aux tiges de l'année précédente. Cette opération, assez délicate, a pour but de donner plus de force aux nouveaux jets en en diminuant le nombre. On coupe d'autant plus bas que le pied est plus faible. On doit détruire les pieds mâles quand il s'en trouve, parce que la graine déprécie la fleur, qui se vend au poids. Quand la taille est faite, on recouvre la plante de quelques centimètres de terre, puis on fume, avec des tourteaux, des chiffons de laine ou d'autres engrais. M. de Dombasle employait, pour chaque pied, un quart de kilogramme de chiffons de laine ou 625 kilogrammes en tout. Après la récolte on donne ordinairement un labour. Quelques personnes ramassent la terre au pied. Au printemps on donne des sarclages, et on dirige et attache les pousses lorsqu'il en est besoin. La récolte se fait en septembre, lorsque les cônes ont pris une forte odeur et une nuance blanchâtre.

La cueillette ne se fait que par un temps sec et après la rosée. On coupe les pieds de houblon, on enlève les perches, et on les pose en travers sur des chevalets, pour cueillir les cônes à l'aise. La cueillette sur les fils de fer se fait plus facilement encore. Les cônes sont étendus sur un grenier, sur des claies, sur des filets, ou mieux encore sur un séchoir semblable à ceux des brasseurs, et sous lequel on fait un feu très-doux. Lorsqu'ils sont secs, on les emballe, bien serrés, dans de grands sacs, pour les vendre. Le produit est sujet à varier beaucoup, selon l'année. Quelquefois il est nul, d'autres fois il s'élève jusqu'à 2,500 kilogrammes de cônes secs par hectare. Chez M. de Dombasle, le produit moyen était de 800 kilogrammes, le maximum 1,800 kilogrammes, et le minimum 80 kilogrammes par hectare.

Il l'a vendu 54 fr. en moyenne; quelquefois il l'a vendu 300 fr., d'autres fois 15 fr. seulement.

La moyenne du produit s'est élevée chez ce cultivateur à 1,392 fr. par hectare : les dépenses annuelles étaient de 800 fr.

Par ces chiffres, on voit que cette culture éprouve de grandes variations dans ses produits, et que le prix du houblon varie lui-même beaucoup. Le prix est ordinairement élevé ou faible suivant que la récolte a été faible ou abondante, ce qui compense plus ou moins les pertes que l'on éprouverait.

Enfin il y a encore, parmi les *plantes industrielles*, le chardon à foulon ou à bonnetier, dont nous allons dire quelques mots, et le tabac.

§ XCIV. — *Du chardon à foulon.*

Cette plante, dont les têtes, garnies de crochets, servent à peigner le drap, exige une terre franche, profonde et bien fumée. On le sème en mai ou juin en pépinière, pour le repiquer en automne; on le sème aussi, mais plus rarement, en place. Cela s'effectue au mois d'août, en lignes distantes de $0^m,75$ à $0^m,85$. On sème comme la garance, c'est-à-dire qu'on creuse d'abord de petites rigoles où la semence est déposée. Dans une céréale on sème à la volée

10 à 14 litres à l'hectare; lorsqu'on sème en lignes, il faut moins de graine.

Sa culture dure deux années; la première, on donne deux ou trois sarclages, et on ramasse la terre à son pied pour passer l'hiver; le terrain doit être parfaitement assaini durant cette saison. La seconde année, un binage suffit ordinairement au printemps. Au printemps de la seconde année, les têtes se forment après la floraison; ordinairement on enlève la tête principale qui attire la séve et affaiblit les autres. On laisse sur une tige un certain nombre de têtes suivant la vigueur de la plante, de six à douze; le reste est ébourgeonné ou écimé. Non-seulement on doit enlever les têtes superflues, mais encore celles qui n'ont pas une forme ovoïde.

La récolte se fait vers le mois de juillet, et en plusieurs fois, à mesure que les têtes mûrissent; dès qu'elles commencent à jaunir, on les coupe en leur laissant une tige de 30 centimètres de longueur, nécessaire pour les lier en paquets, ce qui a lieu après qu'elles sont assorties selon leur grosseur. On les dispose par paquets de 50 têtes, et on les met à l'abri de la pluie et de l'ardeur du soleil.—Ces paquets sont vendus, par ballots de 10,000 têtes, 70 à 100 fr.

Les *cardères* sont exposées à être détruites en partie par l'*orobanche rameuse*, qui attaque aussi le chanvre. Très-souvent il s'introduit dans les têtes une larve d'insecte qui les détruit ou leur fait perdre de leur valeur.

Les tiges des chardons ne sont bonnes qu'à servir de chauffage.

Pour obtenir de la bonne graine, on doit conserver sur le champ quelques pieds qu'on laisse mûrir parfaitement.

La grosseur de la tête est déterminée par les besoins

du commerce; les plus grosses servent à des laines grossières, en bonneterie, aux gros draps. La Belgique est tributaire de la France et de la Prusse pour ce produit.

On récolte de cinquante à cent cinquante mille têtes par hectare.

§ XCV. — *Du tabac.*

Le tabac se cultive dans presque tous les pays. Les contrées chaudes des deux continents fournissent le meilleur. Le tabac est une plante très-épuisante que l'on ne doit cultiver que dans des terres riches et fertiles. On doit fumer fortement si le terrain en a déjà produit; les récoltes abondantes et de bonne qualité s'obtiennent dans des terrains neufs de cette plante, dans les défrichements. On peut obtenir du bon tabac, mais en petite quantité, dans des terres pauvres. Toute récolte réussit après le tabac.

Il se sème, en février et en mars, en pépinière placée sous couche. Cette plante demande des soins horticoles dans sa jeunesse, elle se repique au mois de juin. On plante de 20,000 à 50,000 pieds par hectare, soit de 2 à 5 pieds par mètre carré. Il est bon d'arroser les plantes, le lendemain du repiquage, avec du purin ou un engrais liquide quelconque; les engrais doivent être bien décomposés, parce que le tabac a une végétation rapide.

On donne généralement un binage, puis on butte. L'opération la plus importante et la plus minutieuse consiste dans l'*écimage* ou *étêtage* pour que les feuilles inférieures prennent de l'ampleur et des qualités, et dans l'ébourgeonnage qui doit se répéter très-souvent.

La récolte a lieu en septembre, ou au commencement d'octobre, lorsque les feuilles commencent à jaunir, à se tacheter de jaune et à se racornir. On fait la cueillette après la rosée ; on enfile les feuilles avec une aiguille par le pétiole (queue de la feuille), et on les fait sécher à l'air dans un endroit à l'abri de la pluie et du soleil. Au bout de quinze jours, on peut les rapprocher davantage et les placer au grenier. Ainsi rapprochées, les feuilles subissent une légère fermentation qui ne doit pas durer plus de quarante-huit heures ; elles perdent une partie de leur eau de végétation, et contractent une couleur jaune très-agréable à l'œil. On les suspend de nouveau par petites bottes, et elles achèvent de se dessécher. Suivant Schwerz, les frais de production d'un hectare de tabac en Alsace s'élèveraient à 1,150 fr. En France, la récolte moyenne d'un hectare est de 1,250 kilogrammes pour six départements.

§ XCVI. — *De la chicorée.*

La chicorée à café est la même plante que la chicorée fourragère. Elle demande une terre riche, profonde et bien ameublie ; ses racines atteignent 40 à 50 centimètres de profondeur. On emploie moins de graine que pour la chicorée sauvage. Elle se sème à la volée : le semis se fait en avril, et on récolte en octobre.

On récolte ordinairement de 20,000 à 25,000 kilogrammes à l'hectare ; on torréfie dans des fours, et la récolte diminue des 4/5. On obtient communément 2,000 kilogrammes de poudre.

Une fumure fraîche ne lui est pas propice ; les racines prennent facilement des taches de rouille et une disposition à la pourriture. Elle épuise beaucoup le sol, et il est difficile d'en extraire toute la récolte ; les parties qui restent en terre croissent alors avec

vigueur. Pour nettoyer le terrain, on peut lui faire
succéder une plante sarclée avec fumure.

Au champ destiné à la chicorée on donne plusieurs
labours avant l'hiver; au printemps, dès que le temps
le permet, on donne un hersage, puis on sème à la
volée ou en lignes; cette dernière méthode facilite les
façons d'entretien. Les graines plantées sont recouvertes de terre, au moyen d'un râteau ou d'une houe,
Au premier binage, on éclaircit les plantes semées à la
volée, pour qu'elles soient à distance convenable. S'il
se montre de mauvaises herbes, on sarcle et l'on bine
à plusieurs reprises. Pour favoriser la croissance de
la chicorée, on l'arrose de purin pendant l'été.

CHAPITRE VII.

DE LA SUCCESSION DES RÉCOLTES.

Le but de l'économie agricole étant de *tirer de la
culture des plantes et de la tenue du bétail le plus possible de produits utiles*, le cultivateur ne saurait être
indifférent sur le choix et la quantité des plantes à
cultiver, et sur l'ordre dans lequel ces plantes doivent se succéder dans la même terre. Celui qui peut
disposer à son gré d'un grand nombre de bras, d'une
grande quantité d'engrais, n'a pas besoin de tant s'in-
quiéter du système de culture; sans trop appauvrir
le sol, il peut planter ce qui paraît lui offrir le plus
d'avantage; mais comme les exploitations placées dans
ces conditions sont très-rares, le choix du système
d'assolement, ou de l'ordre dans la succession des
récoltes, restera toujours une des questions les plus
importantes pour l'agriculteur qui réfléchit : c'est là

surtout qu'il peut déployer son talent en économie rurale, *en produisant beaucoup avec peu*. Pour arriver à la possession de ce talent, il sera bon de consulter les faits qui vont suivre, et de méditer en même temps sur les conséquences qui pourront en résulter.

§ XCVII. — *Sol.*

Chacun sait par expérience que chaque plante affectionne un certain sol dans lequel elle prospère de préférence. Avec un grand renfort d'engrais, on peut sans doute faire venir une plante dans un terrain qui ne lui convient pas tout à fait; mais ce n'est pas le cas en agriculture de suppléer à la nature par des moyens trop coûteux. Le cultivateur ne doit produire que les récoltes qui conviennent à son sol, à son climat, à l'exposition où il se trouve, et qu'il est sûr de pouvoir écouler avec avantage. Le tableau suivant indique les espèces les plus convenables à chaque terrain.

1° *Terrains sablonneux :* Sarrasin, spergule, seigle, topinambour, trèfle blanc. Dans le même terrain fumé, les pommes de terre réussissent bien, puis encore l'avoine, les navets, les vesces, les lentilles. Lorsque, sous un climat humide, ce sol a un peu de consistance, l'orge, le millet, les pois, le tabac, la garance, le chou cabus, les carottes, le maïs, le chanvre, l'œillette, le colza, l'épeautre et le trèfle y prospèrent.

2° *Terres fortes :* Froment, avoine et herbages. Dans les terres fortes un peu moins compactes et avec un peu de chaux : Froment, avoine, épeautre, féveroles, trèfle, vesces, pois, orge, colza, choux et betteraves.

3° *Terres franches :* Seigle, épeautre, froment,

avoine, orge, pommes de terre, farineux, trèfle. Les bonnes terres franches conviennent à la plupart des plantes cultivées, si, en même temps, le climat et le sous-sol leur sont favorables.

4° *Terrains calcaires* : Sainfoin, luzerne, trèfle, pois, vesces, féveroles, froment, orge, avoine, épeautre, seigle, pommes de terre, cardère, colza, chanvre, lin.

5° *Terrains marécageux ou tourbeux* : Herbages. Lorsque ce terrain a été écobué ou recouvert d'une couche de terre : Sarrasin, avoine, navets, pommes de terre.

6° *Terrains marneux* : Les plantes qui se plaisent dans les terres calcaires.

7° *Terres novales ou nouvellement défrichées* : Lin, pommes de terre, avoine, millet.

8° *Lacs et étangs desséchés* : Chanvre, betteraves, choux, navets, fèves, mélange de vesces, maïs et tabac, lorsque le climat est chaud.

§ XCVIII. — *Climat.*

Le climat influe aussi sur la végétation des plantes : les unes exigent, pour prospérer, plus ou moins de chaleur ; d'autres, plus ou moins d'humidité.

1° *Celles qui peuvent supporter un haut degré de chaleur* sont la vigne, le maïs, le houblon, le tabac, le millet, le sarrasin, l'orge d'automne, l'épeautre, le chanvre, les betteraves, les carottes, la garance, la luzerne.

2° *Celles qui peuvent prospérer avec un degré moindre* sont la plupart des céréales, les pommes de terre, le lin, les navets, le trèfle, les farineux, le colza, les herbages.

3° *Plantes qui réussissent sous un climat humide :*

Froment, avoine, orge d'automne, trèfle, pommes de terre, navets, vesces, lin et herbages.

4° *Plantes qui ne craignent pas un climat sec* : Seigle, maïs, orge de printemps, luzerne, pois, sarrasin, sainfoin et spergule.

§ XCIX. — *Autres circonstances à prendre en considération.*

Avant de passer à un nouveau système d'assolement, il est essentiel d'avoir égard aux points suivants :

1° Si l'on peut disposer de beaucoup de fumier, on peut impunément cultiver des plantes qui en absorbent une grande quantité, sans rien en restituer au sol ; telles que chanvre, lin, houblon, garance, tabac, gaude, chou cabus.

2° En agriculture, on a fait l'importante observation qu'il y a des plantes qui améliorent le sol ; que d'autres en ménagent les forces ; que d'autres, au contraire, l'épuisent. D'après ces données, on a établi les catégories suivantes :

a. Plantes améliorantes : Ce sont les espèces qui, fauchées en vert et avant d'avoir porté graines, laissent au sol plus de nourriture qu'elles n'en ont tiré : luzerne, sainfoin, trèfle.

b. Plantes ménageantes : Ce sont celles qui, sans précisément enrichir le sol, ne lui enlèvent cependant pas beaucoup, par exemple, toutes les espèces fauchées en vert, comme le seigle-fourrage, les vesces, les pois, l'avoine, le fourrage mélangé.

c. Plantes médiocrement épuisantes : Les farineux dont on laisse mûrir les graines, les pois, les vesces, les lentilles, le sarrasin, ainsi que les différentes espèces de racines.

d. Plantes épuisantes : Froment, épeautre, orge,

avoine, féveroles, pommes de terre, lin, colza, navette, cameline.

e. Plantes très-épuisantes : Ce sont les cultures qui enlèvent beaucoup au sol, et qui lui restituent peu ou même rien : maïs, chanvre, tabac, garance, œillette, chou cabus, chicorée.

Ordinairement, quand on établit un système d'assolement, on cherche à mettre une culture améliorante ou ménageante après une récolte épuisante.

3° On cherche à combiner l'ordre de la succession des plantes de manière que les céréales qui salissent beaucoup le sol soient suivies de cultures qui le nettoient, comme les pommes de terre, les betteraves, les carottes, etc., ou aussi on laisse en jachère pure.

4° Pour les champs éloignés des habitations, on cherche ordinairement à établir un assolement particulier, combiné pour économiser la main-d'œuvre et les charrois, système dans lequel les céréales jouent un rôle principal, de même que les plantes fourragères destinées à être fauchées ou pâturées sur place. Au lieu de les fumer, on cherche également à amender ces champs avec des récoltes enfouies : les lupins, le sarrasin, les vesces, les pois, les féveroles, ou aussi avec le trèfle, dont on enterre, par un labour, la deuxième ou troisième coupe. Aux champs rapprochés des habitations, on destine les plantes qui exigent beaucoup de travail, comme les pommes de terre, les choux, le tabac, l'œillette.

5° Dans un bon système d'assolement, le cultivateur doit bien examiner si telle plante peut ou non se succéder à elle-même, et comment les plantes se comportent entre elles lorsqu'on les fait succéder l'une à l'autre. Il y en a qui peuvent fort bien venir à la même place plusieurs années de suite, comme les pommes de terre, les herbages, le chanvre, le tabac, le chou cabus, le topinambour, le seigle, l'avoine; d'autres ne doivent reparaître qu'au bout de cinq à neuf ans : le trèfle rouge, le lin, la luzerne, les pois. Il existe des terrains cependant où le trèfle peut revenir après la troisième ou la quatrième année. Les cultures sarclées, telles que pommes de terre, betteraves, choux, etc., sont excellentes pour précéder les céréales de printemps, mais elles ne valent rien pour devancer les céréales d'automne, à moins qu'on ne les récolte de bonne heure; aussi, lorsque les circonstances le permettent, fait-on succéder l'avoine ou l'orge aux pommes de terre, aux betteraves, etc. Après le trèfle, l'esparcette et la luzerne, le froment, l'épeautre, les pommes de terre, l'avoine et le lin prospèrent parfaitement.

6° Dans les grands domaines, il est plus avantageux de ne cultiver que les plantes qui n'exigent pas beaucoup de main-d'œuvre, comme les céréales, le colza, les pommes de terre, les racines, surtout lorsqu'on peut donner des façons avec des instruments à attelage. En petite culture, au contraire, on peut planter des espèces qui demandent beaucoup de bras, alors surtout que les travaux peuvent être exécutés par le personnel de la maison.

7° Dans les contrées où les terres sont morcelées, il est impossible d'établir un assolement particulier; là on est forcé de suivre le système adopté. Il serait bien à désirer que chaque cultivateur eût ses propriétés d'une seule pièce, la culture en serait beaucoup plus facile.

8° A proximité des grandes villes, où l'on trouve l'occasion de vendre à de bons prix le lait, le foin, la paille, et autres produits, le cultivateur a encore l'avantage de se procurer de bons engrais très-utiles à son économie.

9° Parmi les différentes chances de destruction que peuvent courir les récoltes, l'une des plus redoutables est la grêle. Lorsque ce fléau destructeur s'est abattu sur un champ, en mai ou juin, on peut encore utiliser la terre en y mettant des plantes dont la croissance est de courte durée, par exemple, la petite orge de printemps, le madia, les fourrages mélangés, les betteraves repiquées, le rutabaga, le maïs-fourrage, les navets. Mais voulez-vous vous mettre à même de pouvoir, sans inquiétude pour vos récoltes, entendre l'orage gronder au-dessus de vos champs? N'hésitez pas à prendre part aux assurances contre la grêle. Tant mieux si vos cultures échappent au fléau; alors, pour votre argent dépensé dans l'assurance, vous avez la satisfaction d'avoir contribué à une institution d'utilité publique, et par là au soulagement de vos frères malheureux. Mais si le malheur vous touchait vous-même, combien alors il vous serait agréable et doux d'être indemnisé de vos pertes, et de pouvoir, sans trop de crainte, attendre l'arrivée de la prochaine récolte!

10° Dans le choix d'un système de culture, on doit surtout avoir en vue une bonne répartition des travaux, de manière à ce que les attelages et tous les ouvriers et employés de la ferme ne soient pas surchargés d'ouvrage dans certains temps de l'année, alors qu'ils chômeraient dans d'autres. Cette règle est un des grands moyens employés pour produire à bon marché, en diminuant les frais de culture.

11° Terminons par une *règle générale* : Cultivez, de préférence, les plantes qui se plaisent le mieux dans les terrains dont vous disposez, qui rendent au sol plus qu'elles ne lui enlèvent, qui nuisent le moins aux cultures subséquentes, enfin dont les produits trouvent un débit assuré et avantageux.

§ C. — *Des systèmes de culture.*

Les systèmes les plus usités sont :
1° Le système à grains;
2° Le système alterne;
3° Le système alterne avec pâturage;
4° Le système libre.
Nous allons les soumettre successivement à un rapide examen.

§ CI. — *Du système à grains ou culture des grains.*

Ce système est ainsi nommé parce que la majeure partie de la superficie y est occupée par des céréales. Il comprend l'assolement triennal, celui de quatre années et d'autres systèmes à grains.

Assolement triennal. — Dans quelques contrées, ce système a été imposé, au moyen du feu et du glaive, par Charlemagne; aujourd'hui il est connu presque partout. Pour ce genre de culture, la superficie arable se divise en trois *soles* ou *saisons* :
1° Céréales d'hiver (ou d'automne);
2° Marsages (ou céréales de printemps);
3° Jachère (ou versaine).
Sans prairies naturelles, ce système ne peut pas se soutenir; car la paille obtenue des deux céréales ne suffit pas à la production des engrais nécessaires. Lorsque, par un manque de prairies, on ne peut se procurer du fumier au dehors, cet assolement finit par mettre le sol dans un état complet d'épuisement. Dans les circonstances ordinaires, on compte, pour ce système, un hectare de prairies permanentes pour trois hectares de terres labourables. Il y a cependant des conditions dans lesquelles cet assolement peut

procurer certains avantages, ce sont les suivantes :

1° Lorsque, sur les terres fortes, on cultive des céréales accompagnées de beaucoup de prairies et de pâturages ;

2° Pour les champs éloignés des bâtiments d'habitation, où l'on peut fumer avec des récoltes enfouies ou par le parcage des moutons.

Dans la sole d'hiver, on cultive le seigle, l'épeautre, le froment ; dans la sole d'été, l'avoine, l'orge, les pois, les vesces, le lin, le chanvre, les pommes de terre.

L'introduction de la pomme de terre et du trèfle a donné, dans beaucoup de contrées, naissance à un assolement triennal perfectionné, qui est venu remplacer le triennat pur ; la sole de jachère étant également occupée par une culture, on appelle encore ce système *assolement triennal avec culture de jachère*. La sole de jachère produit alors des pommes de terre, des betteraves, des carottes, des navets, du pavot, du trèfle, des vesces (fourrages), du fourrage mélangé. Les céréales d'automne ne prospèrent guère après les pommes de terre ; on met souvent ces dernières dans la sole d'été. Lorsque la jachère est utilisée pour fourrage, par exemple, trèfle, fourrages mélangés, betteraves, navets, pommes de terre, on est bien en mesure pour se livrer à la stabulation, et, par conséquent, pour produire de l'engrais en quantité suffisante, afin de maintenir la fertilité du sol. Ce système d'assolement triennal subit diverses modifications ; il est tantôt de six ans, tantôt de neuf ans. Voici des exemples :

Rotations de six ans.

1re année. Froment.
2e   »   Avoine.

3ᵉ année. Pommes de terre fumées.
4ᵉ   »   Orge.
5ᵉ   »   Trèfle.
6ᵉ   »   Colza ou chanvre fumé.

1ʳᵉ année. Jachère pure avec fumier.
2ᵉ   »   Seigle, épeautre.
3ᵉ   »   Orge avec trèfle.
4ᵉ   »   Trèfle fumé et plâtré.
5ᵉ   »   Froment.
6ᵉ   »   Avoine.

1ʳᵉ année. Moitié jachère, moitié pommes de terre.
2ᵉ   »   Récoltes d'hiver.
3ᵉ   »   Récoltes d'été.
4ᵉ   »   Moitié vesces, moitié trèfle.
5ᵉ   »   Céréales d'automne.
6ᵉ   »   Céréales de printemps.

1ʳᵉ année. Jachère.
2ᵉ   »   Seigle.
3ᵉ   »   Épeautre.
4ᵉ   »   Trèfle.
5ᵉ   »   Épeautre.
6ᵉ   »   Avoine.

1ʳᵉ année. Tabac avec forte fumure.
2ᵉ   »   Épeautre, puis vesces pour enfouir.
3ᵉ   »   Orge avec trèfle.
4ᵉ   »   Trèfle plâtré.
5ᵉ   »   Épeautre, puis navets.
6ᵉ   »   Betteraves, pommes de terre, orge, avoine.

1ʳᵉ année. Jachère, trèfle blanc.
2ᵉ   »   Épeautre ou froment.
3ᵉ   »   Avoine.

4ᵉ année. Trèfle, pommes de terre.
5ᵉ   »   Épeautre.
6ᵉ   »   Avoine (1).

Rotation de sept ans.

1ʳᵉ année. Jachère avec fumure.
2ᵉ   »   Colza.
3ᵉ   »   Épeautre.
4ᵉ   »   Orge avec trèfle.
5ᵉ   »   Trèfle.
6ᵉ   »   Épeautre.
7ᵉ   »   Avoine.

Dans les environs de Rastadt, on admet les rotations suivantes de six et de sept ans :

Pour terres sablonneuses.

1ʳᵉ année. Seigle.
2ᵉ   »   Avoine.
3ᵉ   »   Trèfle, pommes de terre.
4ᵉ   »   Maïs.
5ᵉ   »   Orge de printemps.
6ᵉ   »   Trèfle.
7ᵉ   »   Seigle.

Pour terres fortes.

1ʳᵉ année. Froment.
2ᵉ   »   Avoine.
3ᵉ   »   Pommes de terre.
4ᵉ   »   Orge.
5ᵉ   »   Trèfle.
6ᵉ   »   Colza.

(1) Cette rotation est pratiquée dans plusieurs fermes du Condroz et de la province de Namur.

Rotations de neuf ans.

1re année. Jachère.
2e   »   Céréale d'automne.
3e   »   Céréale de printemps.
4e   »   Trèfle.
5e   »   Céréale d'automne.
6e   »   Céréale de printemps.
7e   »   Pois.
8e   »   Céréale d'automne.
9e   »   Céréale de printemps.

1re année. Céréale d'automne.
2e   »   Jachère bien fumée.
3e   »   Colza.
4e   »   Céréale d'automne.
5e   »   Céréale de printemps.
6e   »   Trèfle avec demi-fumure.
7e   »   Céréale d'automne.
8e   »   Céréale de printemps.
9e   »   Pommes de terre, navets.

Culture des grains à rotation de quatre ans.

Lorsque, pour le système à grains, on divise le champ en quatre soles, il s'établit une rotation de quatre ans :

1re année. Jachère pure avec fumure.
2e   »   Céréale d'automne.
3e   »   Céréale de printemps.
4e   »   Céréale de printemps ou farineux.

Cette succession des récoltes, aussi bien que la suivante, n'est applicable qu'à un sol riche, accompagné de beaucoup de prés et de pâturages, ou dans les contrées où l'on peut acheter du fumier au dehors.

1re année. Lin.
2e   »   Épeautre.
3e   »   Orge.
4e   »   Avoine.

Il existe encore plusieurs autres modifications du système à grains; nous les passerons sous silence, parce que leur description nous conduirait trop loin. Cependant nous ne pouvons nous dispenser de mentionner celles de ces modifications dans lesquelles on fait, comme chez nous, dans les Flandres et ailleurs, grand usage des récoltes sur chaume rompu. On peut dire que c'est la nécessité qui a donné naissance à ce système; car on a senti le besoin de produire des fourrages en seconde récolte, afin de pouvoir obtenir le fumier nécessaire; mais pour cela il faut un climat doux, pas trop sec; puis un terrain chaud, peu compacte. Pour ces récoltes, on emploie les navets, les carottes, les vesces, les pois, la spergule, le sarrasin. Généralement on les sème après le seigle, le froment, l'épeautre, dès que la moisson est faite; souvent aussi on les met en terre, dès le printemps, dans la récolte principale; les navets et les carottes se sèment dans l'œillette, le seigle et le lin. Il y a plusieurs contrées où l'on sème le trèfle dans le lin. Il n'est pas avantageux de faire précéder l'orge par les navets : la récolte de cette céréale peut s'en trouver compromise.

§ CII. — *Système alterne ou culture alterne.*

La principale règle de ce système consiste à établir une alternance régulière entre les céréales et les autres récoltes, de manière que deux céréales se suivent le moins possible, et qu'à une récolte qui enherbe ou endurcit le sol, on fasse succéder une culture qui le nettoie et l'ameublit. Par là on arrive à pouvoir assigner à chaque plante sa place la plus convenable dans la rotation, à éviter un trop grand enherbement du champ, et à maintenir le sol dans un certain état de force. Quoique la culture alterne exige beaucoup d'engrais, elle a pour avantage, lorsqu'elle est bien conduite, de rendre les prairies naturelles superflues, en mettant le cultivateur à même de tirer assez de fourrages de ses champs pour pouvoir produire les engrais dont il a besoin. Néanmoins les prés sont toujours des auxiliaires avantageux pour ce système, surtout lorsque le trèfle est exposé à des chances de non-réussite. Quoique, dans la culture alterne, la jachère ne soit pas nécessaire, elle s'y présente pourtant assez souvent. Après les plantes sarclées, on fait suivre une céréale de printemps, ou marsage, qui réussit mieux qu'une céréale d'automne. Le trèfle est mis dans un champ bien propre, bien préparé et bien fumé, en succédant avec l'orge, aux pommes de terre, aux betteraves, aux carottes, aux choux. Pour que la culture alterne puisse être établie convenablement, les conditions suivantes sont nécessaires :

1° Que les terres ne soient ni morcelées, ni enclavées, que toute la superficie forme un domaine compacte ;

2° Que l'on puisse disposer d'un plus grand nombre de bras et d'un capital roulant plus fort que pour l'assolement triennal ; mais aussi, ces conditions remplies, le système alterne est plus productif, lorsque le tout est dirigé avec intelligence.

La culture alterne ne convient pas aux climats rudes ni aux sols trop froids ou trop brûlants. Suivant le nombre de soles dans lesquelles la superficie se trouve divisée, on a les rotations suivantes :

Rotation de quatre ans.

1re année. Navets ou pommes de terre avec fumure.
2e　　» 　Orge.
3e　　» 　Trèfle.
4e　　» 　Froment.

Cet aménagement, dans lequel le trèfle revient au bout de quatre ans, n'est pas exécutable partout.

Rotations de cinq ans.

1er année. Tabac avec fumure.
2e　　» 　Épeautre.
3e　　» 　Pommes de terre et betteraves.
4e　　» 　Orge.
5e　　» 　Trèfle.
1er année. Jachère pure avec forte fumure.
2e　　» 　Colza.
3e　　» 　Froment ou seigle.
4e　　» 　Trèfle, en partie vesces-fourrage, avec plâtre.
5e　　» 　Avoine.

Ces deux méthodes de rotation ne conviennent qu'aux bonnes terres très-riches ; elles mettront toujours dans la nécessité d'acheter du fumier au dehors. Puis, avant de les adopter, il faudra examiner si la nature du sol permet le retour du trèfle au bout de cinq ans.

Rotations de six ans.

1re année. Betteraves, carottes.
2e　　» 　Féveroles.

3ᵉ année. Froment et seigle.
4ᵉ   »   Trèfle.
5ᵉ   »   Froment.
6ᵉ   »   Avoine (1).

1ʳᵉ année. Récoltes sarclées avec fumure.
2ᵉ   »   Marsage.
3ᵉ   »   Trèfle.
4ᵉ   »   Céréale d'automne.
5ᵉ   »   Farineux avec demi-fumure.
6ᵉ   »   Seigle.

La rotation précédente est surtout convenable pour passer de l'assolement triennal à la culture alterne.

1ʳᵉ année. Pommes de terre.
2ᵉ   »   Orge avec trèfle.
3ᵉ   »   Trèfle.
4ᵉ   »   Épeautre ou froment.
5ᵉ   »   Fourrages verts, fourrages mélangés.
6ᵉ   »   Épeautre ou seigle.

Rotation de sept ans suivie à Hohenheim.

1ʳᵉ année. Betteraves fumées.
2ᵉ   »   Orge avec trèfle.
3ᵉ   »   Trèfle.
4ᵉ   »   Épeautre.
5ᵉ   »   Vesces vertes avec fumure.
6ᵉ   »   Colza.
7ᵉ   »   Froment.

Rotation de huit ans suivie à Hohenheim.

1ʳᵉ année. Betteraves fumées.
2ᵉ   »   Orge avec trèfle.

(1) Cet assolement est suivi dans quelques fermes en Hesbaye.

3ᵉ année. Trèfle.
4ᵉ   »   Céréales d'automne.
5ᵉ   »   Vesces-fourrage fumées.
6ᵉ   »   Colza.
7ᵉ   »   Froment.
8ᵉ   »   Vesces-avoine.

Outre cela, il y a encore des rotations de neuf ans, de dix ans, etc., qui reposent sur les aménagements précédents.

§ CIII. — *Culture alterne avec pâturage ; système pastoral, mixte, ou exploitation par enclos.*

Ce système trouve surtout son application dans les pays montagneux, où s'élève du bétail ; il est d'un meilleur produit que la culture des terres. Il est encore avantageux là où le sol ne convient pas à la culture du trèfle, des vesces, etc. ; dans les grandes exploitations où les journées coûtent cher ; pour les terres de mauvaise qualité, ou placées dans des situations défavorables ; puis, aux exploitations de culture où il y a manque d'argent. D'après ce système, on cultive la terre pendant quelque temps, puis on la met pendant quelques années en herbage à pâturer. Pendant ces années de pâturage, il s'accumule dans le sol beaucoup de force qui profite aux cultures qui suivent ; les sols légers en acquièrent de la ténacité. Règle générale : plus le sol est mauvais, plus le climat est défavorable, plus on prolonge l'état de pâturage. Voici quelques exemples de rotation de culture avec pâturage :

Sur terre faible ou aussi sur terre moyenne.

1ʳᵉ   année. Avoine sur pâturage rompu.
2ᵉ   »   Jachère fumée.

3ᵉ   année. Céréale d'automne.
4ᵉ   »   Orge.
5ᵉ   »   Avoine, seigle.
6ᵉ à 10ᵉ »   Pâturage.

Si le sol n'est pas très-gazonné on sème, avec l'avoine et le seigle, des graines de graminées ou d'herbages.

Sur terre forte.

1ʳᵉ   année. Jachère fumée.
2ᵉ   »   Froment, seigle.
3ᵉ   »   Orge.
4ᵉ   »   Avoine.
5ᵉ   »   Avoine et graines herbagères.
6ᵉ à 9ᵉ »   Pâturage.

En Allemagne, on rencontre fréquemment la rotation qui suit :

1ʳᵉ   année. Jachère fumée.
2ᵉ   »   Céréale d'automne.
3ᵉ   »   Marsage.
4ᵉ   »   Avoine, pois avec trèfle.
5ᵉ   »   Trèfle, en partie pour foin, en partie
                pour pâturage.
6ᵉ et 7ᵉ »   Pâturage.

Dans la Souabe supérieure on a cette rotation de quatre ans :

1ʳᵉ   année. Céréale d'automne.
2ᵉ   »   Céréale de printemps.
3ᵉ   »   Pâturage.
4ᵉ   »   Pâturage, demi-jachère fumée.

Dans ces derniers temps on a perfectionné ce système avec succès, en admettant dans la rotation des plantes fourragères. Exemples :

Sur sable argileux.

1re année. Jachère à pâturage.
2e   »   Seigle.
3e   »   Avoine, sarrasin.
4e   »   Pommes de terre fumées.
5e   »   Seigle de printemps avec trèfle.
6e à 8e »   Pâturage.

En terre de meilleure qualité.

1re année. Jachère, demi-fumure.
2e   »   Seigle.
3e   »   Avoine.
4e   »   Pommes de terre fumées.
5e   »   Orge.
6e   »   Trèfle pour couper.
7e   »   Seigle avec demi-fumure.
8e   »   Avoine avec trèfle blanc.
9e à 12e »   Pâturage.

Sur terre compacte.

1re année. Jachère.
2e   »   Colza.
3e   »   Froment, seigle.
4e   »   Vesces avec fumier.
5e   »   Froment, seigle.
6e   »   Pois.
7e   »   Pommes de terre bien fumées.
8e   »   Orge, blé de mars.
9e   »   Trèfle.
10e   »   Froment.
11e et 12e » Pâturage.
Dans les Ardennes, on suit la rotation suivante :
1re année. Seigle avec forte fumure.
2e   »   Avoine.

3ᵉ année. Avoine, pommes de terre.
4ᵉ   »   Avoine.
5ᵉ à 10ᵉ »   Pâturage formé naturellement.

Ce système est très-vicieux en ce que les céréales se succèdent sans interruption, et qu'il ne renferme pas de fourrages.

Pour les terrains convenables, on trouve, dans les pays étrangers, la luzerne et le sainfoin admis dans la rotation.

Sur terre riche.

1ʳᵉ   année. Jachère (forte fumure).
2ᵉ   »   Colza.
3ᵉ   »   Froment.
4ᵉ   »   Seigle.
5ᵉ   »   Orge.
6ᵉ à 11ᵉ »   Luzerne fumée.
12ᵉ   »   Colza.
13ᵉ   »   Froment.
14ᵉ   »   Orge.

Sur terre calcaire.

1ʳᵉ   année. Jachère (forte fumure).
2ᵉ   »   Colza.
3ᵉ   »   Seigle.
4ᵉ   »   Pommes de terre.
5ᵉ   »   Orge.
6ᵉ à 10ᵉ »   Luzerne.
11ᵉ   »   Pommes de terre ou betteraves.
12ᵉ   »   Seigle.
13ᵉ   »   Avoine.

Sur terre maigre.

1ʳᵉ   année. Jachère fumée.
2ᵉ   »   Épeautre.

3ᵉ année. Avoine.
4ᵉ à 6ᵉ » Esparcette.
7ᵉ   » Épeautre.

§ CIV. — *Système libre ou culture libre.*

Dans ce système, la superficie arable ne se trouve
pas divisée en soles réglées; l'ordre de succession des
récoltes est également déterminé. Tantôt ce système emprunte son mode de rotation au triennat,
tantôt au système alterne, tantôt au système pastoral
mixte. La culture libre ne convient qu'aux domaines
de petite étendue, à sol de bonne qualité, et lorsqu'on
est dans le cas de se procurer facilement les engrais
nécessaires. Il faut, en outre, qu'elle soit dirigée par
un agriculteur capable de saisir toutes les circonstances qui permettent de tirer de ses divers produits
le parti le plus avantageux. Placée dans de bonnes
conditions de terrain, cette culture est surtout convenable à proximité des grandes villes, où les produits ont beaucoup de valeur et où les ressources ne
manquent pas pour se procurer le fumier nécessaire.
Il est à remarquer que les cultivateurs qui suivent un
système libre observent cependant certaines règles
dont ils s'écartent peu; mais leur système est tellement élastique qu'ils peuvent changer l'ordre de
succession suivant les besoins des consommateurs, la
nature du sol, ses dispositions, et suivant la non-réussite de certaines denrées, comme le froment d'hiver,
le colza, etc.

En somme, les systèmes de culture les plus avantageux sont ceux qui donnent le produit net le plus
considérable en conservant à l'exploitation sa richesse
primitive. Une discussion plus approfondie sur ce
sujet important eût sans doute offert beaucoup d'in-

térêt, mais comme il serait impossible d'établir un mode de rotation qui fût susceptible d'être adopté généralement, il nous a paru préférable de laisser à chaque cultivateur le soin de dresser ses assolements d'après les règles que nous avons précédemment indiquées.

FIN.

TABLE DES MATIÈRES.

CHAPITRE III.

DES DÉFRICHEMENTS.

CHAPITRE IV.

TRAVAUX ET INSTRUMENTS DE CULTURE.

CHAPITRE V.

DE LA CULTURE DES PLANTES EN GÉNÉRAL.

CHAPITRE VI.

DE LA CULTURE SPÉCIALE DES PLANTES.

CHAPITRE VII.

DE LA SUCCESSION DES RÉCOLTES.

Histoire

RÉSUMÉE

des

DIVERS ÉTATS

de

L'EUROPE EN 1848.

TEXTE

par

LES MEILLEURS ÉCRIVAINS DU PAYS.

Rois

BIBLIOTHÈQUE RURALE,

INSTITUÉE PAR ARRÊTÉ ROYAL DU 15 SEPTEMBRE 1848.

CONDITIONS DE PUBLICATION.

La *Bibliothèque Rurale* est imprimée en français et en flamand ; le prix de chaque volume est fixé, lors de la publication, d'après le nombre de pages, **à raison de 50 centimes pour 120 pages environ.**

Les ouvrages seront remis *franco* aux personnes qui en feront la demande.

Un dépôt en est établi dans toutes les principales communes du royaume et chez les Présidents des Comices agricoles. Les Directeurs de ces dépôts peuvent envoyer en *franchise de port* leur correspondance avec l'éditeur, sous le couvert du Département de l'Intérieur.

La publication de chaque ouvrage sera annoncée par les soins du Gouvernement, dans le *Moniteur belge* et le *Mémorial administratif* des provinces.

EN VENTE :

EMPLOI DE LA CHAUX EN AGRICULTURE. Un vol.	Prix : 20 cent.
MANUEL DE COMPTABILITÉ AGRICOLE.	40 cent.
MANUEL THÉORIQUE ET PRATIQUE D'ARBORICULTURE,	
2 vol. avec 205 planches gravées.	1 fr. 55 cent.
MANUEL DE DRAINAGE. Un vol. avec 88 pl. gravées.	1 fr. 10 cent.

SOUS PRESSE :

MANUEL PRATIQUE D'IRRIGATION. Un vol. avec 100 planches.

MANUEL DE CHIMIE AGRICOLE. Un vol.

MANUEL FORESTIER. Un vol.

TRAITÉ DES BÊTES BOVINES ET PORCINES. Un vol.

TRAITÉ DES INSTRUMENTS D'AGRICULTURE. Un vol.

TRAITÉ D'ÉCONOMIE RURALE, de la ferme, la basse-cour, etc.

En vente chez le même éditeur :

ANNUAIRE DE L'AGRICULTEUR BELGE, pour 1850.	1 fr. 25 c.
CALENDRIER AGRICOLE pour 1850, in-folio, teinte chinée.	20 c.
ALMANACH INDUSTRIEL POPULAIRE. Un vol. avec gravures.	50 c.